水利预算项目支出绩效评价规程研究

SHUILI YUSUAN XIANGMU ZHICHU JIXIAO
PINGJIA GUICHENG YANJIU

钱水祥　王健宇　毕诗浩　关　欣　王怀通　王　宾◎著

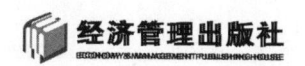

经济管理出版社

图书在版编目（CIP）数据

水利预算项目支出绩效评价规程研究／钱水祥等著. —北京：经济管理出版社，2023.7
ISBN 978-7-5096-9165-6

Ⅰ.①水… Ⅱ.①钱… Ⅲ.①水利工程—预算—经济绩效—财务管理—研究 Ⅳ.①TV512

中国国家版本馆 CIP 数据核字（2023）第 136668 号

策划编辑：赵亚荣
责任编辑：赵亚荣
责任印制：黄章平
责任校对：张晓燕

出版发行：经济管理出版社
（北京市海淀区北蜂窝 8 号中雅大厦 A 座 11 层　100038）

网　　址：www.E-mp.com.cn
电　　话：（010）51915602
印　　刷：北京晨旭印刷厂
经　　销：新华书店
开　　本：710mm×1000mm ／16
印　　张：11.75
字　　数：169 千字
版　　次：2023 年 8 月第 1 版　2023 年 8 月第 1 次印刷
书　　号：ISBN 978-7-5096-9165-6
定　　价：88.00 元

·版权所有　翻印必究·
凡购本社图书，如有印装错误，由本社发行部负责调换。
联系地址：北京市海淀区北蜂窝 8 号中雅大厦 11 层
电话：（010）68022974　邮编：100038

序
PREFACE

党的二十大报告明确提出，要"健全现代预算制度"，这为做好新时代我国财政预算工作提供了根本遵循、指明了前进方向。全面贯彻落实习近平新时代中国特色社会主义思想，就是要完整、准确、全面贯彻新发展理念，认真践行习近平总书记治水重要论述精神，坚持"节水优先、空间均衡、系统治理、两手发力"治水思路，坚决落实好健全现代预算制度的各个环节和任务，提高财政资金使用效率，为坚定不移推动新阶段水利高质量发展和全面建设社会主义现代化国家提供强大财力保障。

水利是经济社会发展的基础性行业，是党和国家事业发展大局的重要组成部分。近年来，水利部预算绩效管理工作经过长期探索和不断创新，从"事后考评"到"事前绩效评估、事中绩效监控、事后绩效评价"全过程绩效管理的转变，提高了预算绩效管理的精细化、科学化水平。应该说，我国水利预算绩效管理工作经过20多年的发展，已经逐步建立起完善的管理制度，不断增强了预算支出责任意识，水利预算绩效管理走在了全国的前列，探索出了可复制、可推广的经验，对于推动我国预算绩效管理工作发挥了重要作用。但是，与新阶段水利高质量发展的要求相比，现行水利预算绩效管理仍然存在一些问题，如项目支出绩效评价标准化规范化程度不高、广度和深度不够等。为了更好地提高财政资金使用效率，必须进一步规范项目支出绩效评价工作，着力解决预算绩效管理过程中存在的突出问题，努力提升水利财政资源配置效率和使用效益。

从现实来看，无论是国家层面，还是水利行业层面，均未制定或出台项目支出绩效评价的相关标准，致使绩效评价无标准可依，绩效评价工作中经常出现评价内容不全面、评价标准不统一、评价程序不规范、评价方法不科学等问题，水利预算项目支出绩效评价的科学化、规范化、标准化水平也有待进一步提升。为规范项目支出绩效评价过程，提高项目资金使用效率，开展水利预算项目支出绩效评价标准化工作显得尤为迫切。做好该项工作既是全面实施预算绩效管理的必然选择，更是全力服务我国水利高质量发展的重要支撑。

钱水祥等人的这部著作紧紧围绕科学评判水利预算项目支出绩效评价规程这一研究主题，系统阐释了水利预算项目支出绩效评价标准化的理论依据，梳理了我国不同行业的绩效评价标准化做法，通过水利预算项目支出绩效评价标准化的实施调研，初步构建了我国水利预算项目支出绩效评价标准化的制度，并以水土保持业务为例，论证了水利预算项目支出绩效评价标准化的内容、评价指标、评价程序和方法、报告撰写等环节。从整体来看，全书富有逻辑性和思考性，理论功底扎实，案例选取恰当，真正呈现了水利预算项目支出绩效评价规程标准化的步骤，展示了理论研究和实践研究的优势，使全书研究更加饱满，实现了理论与实践的有机结合。

诚然，我国水利预算项目支出绩效评价规程研究仍处于探索阶段，需要经过长期的实践来检验，更有待于理论作为支撑。当前，中国特色社会主义进入了新时代，扎实推动新阶段水利高质量发展，是全面落实习近平总书记治水重要论述精神的重大任务。希望本书能够为水利部门、相关科研院所、基层实践部门提供借鉴思考，扎实有效开展预算绩效管理工作。

2023 年 7 月于北京

前 言
PREFACE

党的二十大报告明确提出要"健全现代预算制度",这是推进国家治理体系和治理能力现代化的内在要求,更是深化财税体制改革、建立现代财政制度的重要内容。全面实施预算绩效管理,对于提高财政资金使用效率,促进经济健康发展意义重大。但也应该注意到,现行预算绩效管理工作仍然存在一些突出问题,如绩效理念尚未牢固树立,绩效管理的标准化和规范化程度不高、广度和深度不够等。为了更好地推进预算绩效管理工作,确保财政资金使用到位,必须不断完善全面预算绩效管理工作,着力解决绩效管理中存在的突出问题。

水利部历来高度重视预算绩效管理工作,在《水利部关于贯彻落实〈中共中央 国务院关于全面实施预算绩效管理的意见〉的实施意见》(水财务〔2018〕332号)中就已经明确要求,要扎实做好预算绩效管理工作,努力提高水利财政资金使用效益,为新时代水利改革发展提供有力保障。开展《水利预算项目支出绩效评价规程》制定工作,着力提升水利预算绩效评价的标准化规范化水平,是贯彻落实党中央、国务院决策部署,切实提高水利资金使用效益,确保水利资金精准安排和优化配置的关键举措,更是服务水利高质量发展的重要体现。

基于以上思考,本书阐述了水利预算项目支出绩效评价规程标准化的相关内容,按照"提出问题—理论研究—行业对比—调研分析—制度构建"的思路分为五章。第一章为绪论。本章对水利预算项目支出绩效评价标准化工作开展的时代背景做出阐述,并从理论意义和现实意义两个方面

水利预算项目支出绩效评价规程研究

论述开展本项工作的价值，同时，提出了本书所采用的规范分析方法和对比分析方法的研究范式。第二章为水利预算项目支出绩效评价标准化的理论依据。本章梳理了全书涉及的绩效管理、标准化、绩效评价标准化等核心概念，从公共财政理论、公共预算理论和标准化理论三个理论层面论述了水利预算项目支出绩效评价标准化的理论来源。第三章为我国绩效评价标准化的行业探索。本章选取了财政项目支出绩效评价标准化、农业项目支出绩效评价标准化、交通运输行业预算绩效评价标准化的行业探索，提出了对我国水利预算项目支出绩效评价标准化的启示。第四章为水利预算项目支出绩效评价标准化的实施调研分析。本章首先阐述了推进水利预算项目支出绩效评价标准化的必要性；其次论述了水利预算项目支出绩效评价的实践探索；最后结合党中央对现代预算制度的要求和水利预算绩效评价现状，指出了推进水利预算项目支出绩效评价标准化面临的困境。第五章为推进我国水利预算项目支出绩效评价标准化的制度构建。本章从预算项目支出绩效评价标准化的政策依据、预算项目支出绩效评价标准化内容、预算项目支出绩效评价指标、预算项目支出绩效评价程序和方法、预算项目支出绩效评价报告编写等角度提出了水利预算项目支出绩效评价标准化的构建内容，并提出了水利预算项目支出绩效评价规程建议稿，以水土保持业务为例，阐释了水利预算项目支出绩效评价标准化的流程，指明了该标准化的适用性。

  本书力争通过系统梳理相关理论和实践案例，提出水利系统预算项目支出绩效评价标准化的体系，为水利预算绩效管理提供更好支撑，更好服务于水利高质量发展。

目录 CONTENTS

01 CHAPTER 第一章
绪论 *001*

第一节　研究背景　*003*
第二节　研究意义　*005*
　一、理论意义　*005*
　二、现实意义　*006*
第三节　研究方法　*007*
第四节　研究思路　*008*

02 CHAPTER 第二章
水利预算项目支出绩效评价标准化的理论依据　*011*

第一节　核心概念　*013*
　一、绩效管理　*013*
　二、标准化　*016*
　三、绩效评价标准化　*018*
第二节　理论基础　*020*

一、公共财政理论　020

二、公共预算理论　022

三、标准化理论　024

03 CHAPTER 第三章

我国绩效评价标准化的行业探索　027

第一节　不同行业绩效评价标准化的做法　029

一、财政项目支出绩效评价标准化　029

二、农业项目支出绩效评价标准化　038

三、交通运输行业预算绩效评价标准化　046

第二节　对水利预算项目支出绩效评价标准化的启示　048

04 CHAPTER 第四章

水利预算项目支出绩效评价标准化的实施调研分析　051

第一节　推进水利预算项目支出绩效评价标准化的必要性　053

一、全面实施预算绩效管理的必然选择　053

二、国家治理体系和治理能力现代化的组成部分　054

三、全力服务我国水利高质量发展的重要基础　055

第二节　水利预算项目支出绩效评价的实践探索　055

一、基本情况　056

二、主要做法　058

三、评价结论　060

目 录

第三节　推进水利预算项目支出绩效评价标准化面临的困境　061

05 CHAPTER 第五章
推进我国水利预算项目支出绩效评价标准化的制度构建　063

第一节　水利预算项目支出绩效评价标准化的政策依据　065
　　一、法律依据　065
　　二、推进绩效评价标准化坚持的原则　071

第二节　水利预算项目支出绩效评价标准化内容　074
　　一、单位预算项目绩效自评　074
　　二、部门预算项目复核评价　075

第三节　预算项目支出绩效评价指标　077
　　一、共性指标　077
　　二、个性指标　092

第四节　水利预算项目支出绩效评价程序和方法　115
　　一、水利预算项目支出绩效评价程序　115
　　二、水利预算项目支出绩效评价方法　117

第五节　预算项目支出绩效评价报告编写　118
　　一、单位预算项目支出绩效自评价报告编写　118
　　二、部门预算项目支出绩效评价报告编写　118

第六节　水利预算项目支出绩效评价规程建议稿及案例分析　120
　　一、建议稿　120
　　二、案例分析——以水土保持项目为例　123

参考文献　*162*

附　录　*165*

附录一　单位绩效自评体系　　165
附录二　单位绩效自评价报告格式　　172
附录三　部门复核评价取值权重标准　　173
附录四　部门评价报告格式　　176

第一章 绪论

CHAPTER ONE

ONE

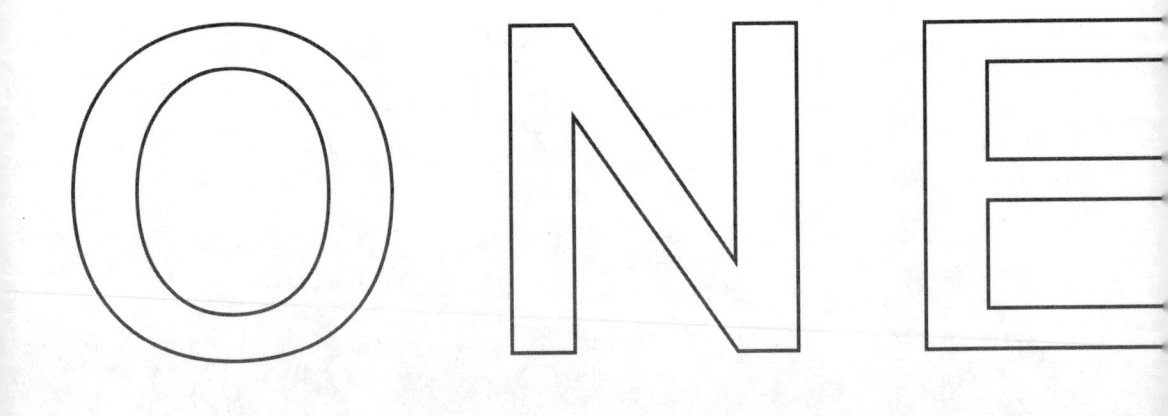

第一章 绪论

本章主要阐述了水利预算项目支出绩效评价标准化工作开展的时代背景，并从理论意义和现实意义两个方面论述开展本项工作的价值，同时，提出了本书所采用的规范分析方法和对比分析方法的研究范式。

第一节 研究背景

预算绩效管理作为现代财政制度的组成部分，对于提高预算资金使用效率与推进国家治理体系和治理能力现代化具有重要作用。党的二十大报告明确提出，要"健全现代预算制度"，这是党和国家站在战略全局的高度，对进一步深化我国财税体制改革做出的重要部署，为提高我国经济发展质量和促进新时代财政预算工作指明了方向、提供了根本遵循。预算不仅仅体现了党和国家的意志，更重要的是，其对于保障国家的重大方针、重大方略发挥着不可替代的作用。经过党的十八大以来的改革，我国现代预算制度基本确立。党中央立足国情、世情、党情变化做出调整，对于现代预算制度建设尤为关键。健全现代预算制度是推进中国式现代化、国家治理体系和治理能力现代化的重要保障。党的二十大报告也明确要求，要以中国式现代化全面推进中华民族伟大复兴。这是由当前我国社会经济发展的阶段和未来发展需求所决定的，更是符合我国生产力发展水平的举措。预算绩效管理源于20世纪50年代，以美国等西方发达国家尝试推行绩效预算为起点，并在20世纪80年代广泛流行于西方国家，之后逐步在世界范围内掀起了预算绩效管理改革的浪潮。中国的预算绩效管理发端于2000年前后，是伴随着公共财政框架的建立而建立的。从党的十六届三中全会提出"建立预算绩效评价体系"，到党的十九大提出"全面实施预算绩效管理"，再到党的二十大报告提出"健全现代预算制度"，经过20多年的不断完善与发展，已经确立了全面实施预算绩效管理改革的主要目标。与西方国家不同的是，我国预算绩效管理既有各国预算绩效管理的共性特征，又有体现国情的中国特色。现代预算制度是中国特色社会主义制度的重要组成部分，必须与中国式现代化相适应，以更加满足人民日益增长的美好生活需要。推进预算项目支出绩效评价的标准化是稳步推进全面提升预算绩效管理水平的关键环节，标准化对于制订科学的管理计划和提高资金使用效率具有积极作用，更能够依据社会经济和预算项目的发展规律对预算资金进行统筹利用，确保预算执行高效运行。

水利部党组历来高度重视预算绩效管理工作，并在《水利部关于贯彻落实〈中共中央　国务院关于全面实施预算绩效管理的意见〉的实施意见》中明确要求，扎实做好预算绩效管理工作，努力提高水利财政资金使用效益，为新阶段水利高质量发展提供有力保障。水利部自 2002 年开始，就已经将预算绩效管理工作作为重要工作常抓不懈，并且走在了前列。20 多年来，水利预算绩效管理工作经历了预算绩效管理探索阶段、全过程绩效管理阶段和全面实施预算绩效管理阶段，为服务我国水利高质量发展，推进我国水利预算绩效管理工作做出了重要贡献。党的二十大报告明确提出要"健全现代预算制度"。加强水利预算绩效管理是新时期对水利高质量发展提出的更加明确的指向。而着力提升水利预算绩效评价的标准化规范化水平是贯彻落实党中央、国务院决策部署，聚焦水利部党组新阶段水利高质量发展重点任务，切实提高水利财政资金使用效益，确保水利财政资金资源优化配置的重要举措。

党的十八大以来，财政部、水利部相继印发了《中央部门预算绩效运行监控管理暂行办法》《水利部部门预算绩效管理暂行办法》《项目支出绩效评价管理办法》《水利部部门预算绩效管理工作考核暂行办法》等一系列规章制度，强化预算绩效管理顶层设计，着力提升预算绩效管理的科学化和规范化水平，对预算绩效管理工作提出了更高、更严格的要求。然而，由于水利行业预算项目支出具有"点多、线长、面广、量大"等复杂特点，而预算绩效管理工作人员的专业水平和业务能力参差不齐，并且国家和水利部层面尚未制定出台预算项目支出绩效评价相关标准，因此水利预算项目支出绩效评价无标准规范可依，绩效评价工作中经常出现评价内容不全面、评价标准不统一、评价程序不规范、评价方法不科学等问题，水利预算项目支出绩效评价的科学化、规范化、标准化水平亟待大力提升。

推进水利预算项目支出绩效评价标准化工作，厘清单位预算项目支出绩效自评和水利部门预算项目支出复核评价工作重点，对绩效评价的依据、内容、标准、程序、方法加以规范，对绩效评价报告编写要求、佐证材料收集要求加以统一，是贯彻落实现行预算绩效管理高要求的迫切需要，有利于大力提升水利预算项目支出绩效评价的标准化水平，从而更好地提高水利财政资金的配置效率和使用效益。

第二节　研究意义

一、理论意义

从理论意义上来看，"目标管理"（Management By Objective，MBO）概念最早由美国学者彼得·德鲁克在 *The Practice of Management* 一书中首先提到，其认为目标管理是指由下级与上司共同决定具体的绩效目标，并且定期检查完成目标进展情况的一种管理方式。简单来讲，MBO 是根据目标进行管理，即围绕确定目标和实现目标开展一系列的管理活动。预算绩效管理的思想与目标管理是一致的。国内外对该概念的称谓是不同的，在国内一般称为"预算绩效"，而国外则一般称为"绩效预算"（Public Performance Budget）。国外有关绩效预算的概述虽然在具体的表述方式上并不统一，但是仍有共同特点，即给定某一部门特定目标，按照该部门完成目标的工作任务来下拨预算资金，并通过衡量特定目标的完成情况开展监督。我国关于"预算绩效"的表述要晚于发达国家，最早见于20世纪90年代中期，并在2000年之后开始逐渐增加。财政部经济建设司与预算司在早期与联合国开发计划署（UNDP）和经济合作与发展组织（OECD）等国际组织进行合作时，先后编写了《绩效预算和支出绩效考评研究》《政府公共部门绩效考评理论与实务》两部论著，对于指导国内预算绩效管理提供了很好的参考材料。随后2005年5月25日，财政部为贯彻落实党的十六届三中全会提出的"建立预算绩效评价体系"的精神，规范和加强中央部门预算绩效考评工作，提高预算资金使用效率，由预算司印发《中央部门预算支出绩效考评管理办法（试行）》，进而确定了我国现阶段绩效考评的基本框架。财政部预算司在2007年定义了"绩效预算"（Performance Budgeting, PB）的内涵，指出绩效预算是以目标为导向的预算，是以政府公共部门目标实现程度为依据，进行预算编制、控制以及评价的一种预算管理模式。在其定义中，区别于传统预算管理的地方在于绩效预算能够在保障财政支出有效性的前提下，赋予预算管理者更多的资金管理自主权，并通过相关报告制度和问责制度构建激励和约束机制，进而有效促进组织目标的实现。推进水利预算项目支出绩效评价标准化，对于完善我国预算绩效管理理论提供了有效补充，更为指导我国水利预算项目支出绩效评价提供了重要参考。

二、现实意义

从现实意义上来讲，国家和水利部层面尚未制定出台水利预算项目支出绩效评价相关标准，导致水利预算项目支出绩效评价无标准规范可依，绩效评价工作中经常出现评价内容不全面、评价标准不统一、评价程序不规范、评价方法不科学等问题，水利预算项目支出绩效评价的科学化、规范化、标准化水平亟待大力提升。根据党的二十大报告相关精神，水利预算项目要坚持以习近平新时代中国特色社会主义思想的方法论指导，深刻认识治水与治财的共性规律、内在要求和辩证关系，用新发展理念引领水利预算执行高质量发展，以治水思路和理念引领水利预算执行工作，守好水利资金安全防线，为水利重点领域改革提供更为坚实的预算执行服务支撑。另外，各地绩效个性指标体系还未完全建立。虽然部分省级财政部门组织制定了本地区绩效指标库，但大部分地区还未真正建立一套完整的分行业、分领域、分层次的核心绩效指标体系。此外，由于没有统一的共享机制，省级各地区已经制定的绩效指标体系也不能分享至全国，在一定程度上造成资源浪费。同时，开展水利预算项目支出绩效标准化，既为水利预算绩效评价全过程工作提供标准、高效的操作规程，有利于提高工作效率、保障工作质量；又可以提升预算执行人员的绩效产出意识，转变重投入轻管理、重支出轻绩效等观念，切实发挥绩效激励约束作用，有利于提高水利财政资金的配置效率和使用效益；还可以为绩效管理工作人员提供技术指导，使水利预算项目支出绩效评价有标准规范可依，有利于提高绩效评价结果的客观性和准确性。

第三节　研究方法

在具体研究方法上，本书主要以水利预算项目支出绩效标准化为核心要点，在梳理相关核心概念和理论基础上，与其他行业绩效评价标准化工作做对比，在实现多学科交叉的基础上，主要采取了规范分析方法和对比分析方法。具体而言：

一是规范分析方法。本书在公共财政理论、公共预算理论和标准化理论等经济学、管理学理论框架下，借鉴其他行业绩效评价标准化工作的经验，以推进我国水利预算项目支出绩效标准化为焦点，梳理水利预算项目支出绩效标准化的政策依据、内容、标准、程序、方法等，对当前水利预算项目支出绩效评价标准化存在的困难及面临的挑战进行深入研究，提出水利预算项目支出绩效评价规程建议稿，以期进一步完善我国水利预算项目支出绩效标准化工作。

二是对比分析方法。水利预算项目支出绩效评价标准化工作是一项较新的尝试,对于服务我国水利预算项目支出绩效管理工作具有基础性作用。科学分析并且合理实施相关评价标准化工作是做好本项研究的前提。本书在梳理财政项目支出绩效评价标准化、农业项目支出绩效评价标准化和交通运输行业预算绩效评价标准化的基础上,提出了对水利预算项目支出绩效评价标准化工作的启示。

第四节　研究思路

在结构体系上,本书按照"提出问题—理论研究—行业对比—调研分析—制度构建"的思路分为五章,具体章节安排如下:

第一章为绪论。本章对水利预算项目支出绩效评价标准化工作开展的时代背景做出阐述,并从理论意义和现实意义两个方面论述开展本项工作的价值,同时,提出了本书所采用的规范分析方法和对比分析方法的研究范式。

第二章为水利预算项目支出绩效评价标准化的理论依据。本章梳理了全书涉及的绩效管理、标准化、绩效评价标准化等核心概念,从公共财政理论、公共预算理论和标准化理论三个理论层面论述了水利预算项目支出绩效评价标准化的理论来源。

第三章为我国绩效评价标准化的行业探索。本章选取了财政项目支出绩效评价标准化、农业项目支出绩效评价标准化、交通运输行业预算绩效评价标准化的行业探索,提出了其对我国水利预算项目支出绩效评价标准化的启示。

第四章为水利预算项目支出绩效评价标准化的实施调研分析。本章首先阐述了推进水利预算项目支出绩效评价标准化的必要性;其次论述了水利预算项目支出绩效评价的实践探索;最后结合党中央对现代预算制度的要求和水利预算绩效评价现状,指出了推进水利预算项目支出绩效评价标准化面临的困境。

　　第五章为推进我国水利预算项目支出绩效评价标准化的制度构建。本章从预算项目支出绩效评价标准化的政策依据、预算项目支出绩效评价标准化内容、预算项目支出绩效评价指标、预算项目支出绩效评价程序和方法、预算项目支出绩效评价报告编写等角度提出了水利预算项目支出绩效评价标准化的构建内容，并提出了水利预算项目支出绩效评价规程建议稿，以水土保持业务为例，阐释了水利预算项目支出绩效评价标准化的流程，指明了该标准化的适用性。

第二章 水利预算项目支出绩效评价标准化的理论依据

CHAPTER TWO

TWO

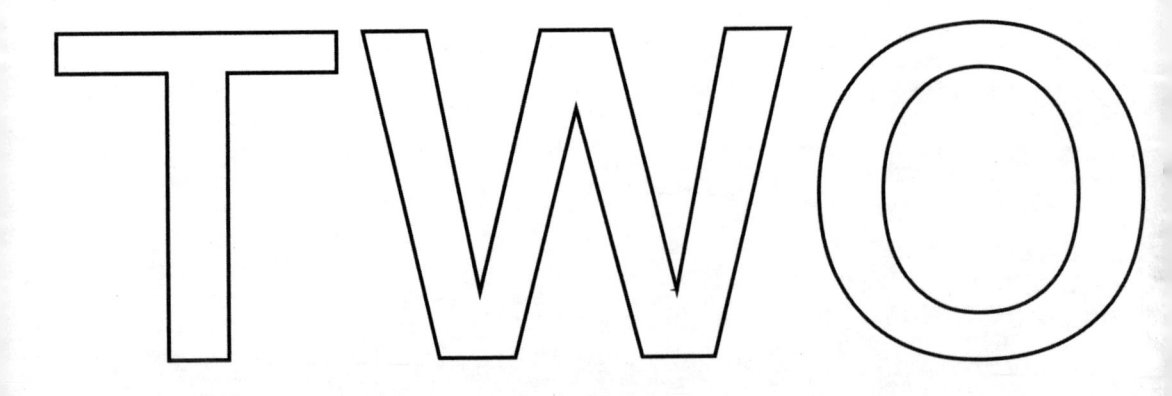

第二章　水利预算项目支出绩效评价标准化的理论依据

本章主要梳理了有关绩效评价标准化的相关概念及理论，包括绩效管理、标准化、绩效评价标准化等核心概念，以及公共财政理论、公共预算理论和标准化理论三个理论，用以论述水利预算项目支出绩效评价标准化的理论来源。

第一节　核心概念

一、绩效管理

"绩效"对应的英文是"performance"，从其字面意思上理解，是指工作效果或者工作效率，是相关职位所要达到的工作职责的阶段性成果，以及在此过程中可评价的行为表现。该概念最早出现于经济学、社会学、管理学等学科，相关学者根据各自研究的领域，对"绩效"的定义也有所差异。经济学者认为，"绩效"与"薪酬"两者之间具有本质区别，绩效反馈的路径是个体对组织，而薪酬反馈的路径则是组织对个体，绩效与薪酬之间的良性运行是市场经济能够健康发展的基础。社会学者则认为，根据社会分工理论，每个个体都应该承担的社会职责就是所谓的绩效，且个体之间的绩效是相互影响、相互补充的，个体成员的绩效保障了其他成员的生存。因此，个体最主要的任务就是在完成各自绩效的基础上，满足其他社会成员的需求。管理学者指出，绩效是组织为了实现其既定目标而在不同层级上的有效输出。针对个人而言，个人绩效是为了完成个人目标，表现出的在某一时间内的工作成果及工作态度的总和。针对组织而言，绩效是指组织在特定时期内完成任务的数量、质量和效益等的总和。

目前来看，学术界基于结果和过程的不同角度对"绩效管理"的认知大致可以分为三个派别，即结果论、行为论、结果与行为统一论。其中，结果论认为，绩效本身就是工作的结果，是在某一特定的时间内，对于特定工作或者特定活动而产生的结果。该观点的核心是将个人的努力与组织的目标联系在一起，由于不同的绩效结果的表现形式不同，因此用绩效结果表示不同的工作水平。行为论认为，绩效是个人在组织中的行为或为了达到组织目标而相关联的行为。但是这并不意味着所有的行为表现都是绩效，只有那些有助于组织目标实现的行为才能够称为绩效，比如个人的工作态度、为工作付出的行为努力、团队协作意识等，这也成为组织对个人考核的参考维度。而结果与行为统一论认为，绩效不仅包括个人为组织目标实现所付出的努力过程，也应该涵盖目标的达成程度。该理论认为，绩效的实现是结果与行为的综合体，行为只不过是绩效结果实现的前置条件，绩效不仅要关注个人对组织目标的实现程度，也应该包括个人为组织目标实现而付出的努力。

在绩效管理的理论方法中，学术界主要通过关键业绩指标法（Key Performance Indicator，KPI）和平衡计分卡（Balance Score Card，BSC）两种方法来呈现个人或者组织的绩效。其中，关键业绩指标法更多的是通过对组织内部流程的输入端、输出端的关键参数进行设置、取样、计算、分析，衡量流程绩效的一种目标式量化管理指标。关键业绩指标法最大的特点在于通过抓重点、强化对任务的完成考核，进一步突出了工作重心和员工的工作。该种方法主要有定性指标和定量指标两种类别。其中，定性指标主要是考评者根据自身知识储备和经验，对评价个体进行综合评判，这类指标通常难以用数值来计算。而定量指标则是以统计数据为基础，通过建立客观、合理的数学模型，计算出指标的数值。关键业绩指标法核算绩效的优势在于具有明确的目标，由于只对关键指标、关键环节等进行衡量，能够及时且准确地把握和评价个体的绩效，可以促进员工提高工作业绩。同时，由于考核员工的关键指标或关键环节也代表着企业的发展目标，这就确保了个人发展与组织利益之间的吻合，能够从整体上提高组织绩效水平。正是这种确保个人利益与组织利益相一致的做法，使员工KPI越高，组织的整体绩效水平或者利润就越高，得到了个人与组织双赢的结果，实现了利益最大化。但应该注意，关键业绩指标法也存在一定程度的弊端。比如，"关键业绩"的确定并不是很容易，至于何种指标能够代表组织整体的绩效，或者哪个指标对组织整体绩效产生了关键性的、巨大的影响，是对组织管理者的考验。并且，任何一个组织都是由众多个体组成的，对于那些个体数量较多的组织而言，关键业绩指标法也只能够对少数岗位的少数员工进行考核，并非对所有员工进行考核。关键业绩指标法所遵循的管理原理是"二八原理"，即组织创造价值的过程中，有20%的骨干员工创造了组织80%的财富。对于个体而言，组织中80%的工作任务由关键的20%的个体完成。因此，为了提高组织的整体绩效水平，需要抓住关键的20%的群体。从管理成本来看，关键业绩指标法节省了大量的考核成本，减少了主观考核绩效存在的盲目性等弊端，能够将组织有限的资源分配至最关键的岗位和最核心的个人。从管理效用来看，关键业绩指标法能够快速找到问题的症结，在一定程度上提高了组织的管理效率。

平衡计分卡由美国学者Robert S. Kaplan和David P. Norton提出，该方法打破了传统业绩管理方法只关注财务指标的弊端，更多地从财务层面、客户层面、内部经营流程层面、学习与成长层面四个维度来进行设计。其中，财务层面衡量的是组织战略及其实施对改善组织盈利做出的贡献，衡量指标主要包括营业收入、资本报酬率等；客户层面采用客户满意度、客户盈利率等指标；内部经营流程层面主要是指管理者要确认组织的关键内部流程，以吸引目标细分市场的客户，提升组织整体绩效水平；学习与成长层面主要包括员工满意度、员工保持率等指标。总体而言，平衡计分卡方法与关键业绩指标法存在明显的不同。关键业绩指标法中的不同要素分解出的指标之间并不存在明显的逻辑关系，只是甄别出了关键指标。而平衡计分卡方法将组织整体绩效划分为不同的板块进行衡量，且各个板块之间具有明确的因果关系，能够形成一个较为完整的循环体系，具有比关键业绩指标法更为严格的逻辑体系。

二、标准化

标准是指对活动或活动的结果规定了规则、导则或特殊值，供共同和反复使用，以实现在预定领域内最佳秩序的效果。《标准化工作指南 第1部分：标准化和相关活动的通用术语》（GB/T 20000.1—2014）条目5.3中将标准描述为：通过标准化活动，按照规定的程序经协商一致制定，为各种活动或其结果提供规则、指南或特性，供共同使用和重复使用的文件。附录A表A.1序号2中对标准的定义是：为了在一定范围内获得最佳秩序，经协商一致确立并由公认机构批准，为活动或结果提供规则、指南或特性，供共同使用和重复使用的文件。

标准化是在社会经济、科学技术等实践过程中，针对重复出现的概念或者事物，通过约定的标准达到统一标准，以获得最大收益或者最大利益的过程。以公司为例，公司标准化的本质在于通过规范性的约定，实现最佳生产经营秩序和最大化的经济利益，以及贯彻实施相关的国家、行业、地方标准等为主要内容的过程。标准化的形成与发展同人类的社会实践活动密切相关。当人类在地球上出现时，语言得到了发展，随后发明了文字。各种语言、文字的形成、发展和统一，本身就是一个具体而又实在的标准化过程。为了生存需要，人类发明了同大自然作斗争并从事生产活动的工具；在交换的过程中，又产生了朴素的计量意识；随着生产力的不断发展，人们对各种工具、器物的形状、大小、性能等都提出了要求，并对加工、制造和操作程序做出了详尽的规定，这更是标准化社会实践的最好例子。标准化的目的是在一定范围内获得最佳秩序，进而获得最佳的共同效益。一般来讲，针对具体的标准化对象，标准化的直接目的通常有适用性、相互理解、接口、互换性、兼容性、品种控制、安全性、环保性等。

我国标准化事业开始于中华人民共和国的成立，当时由于旧中国遗留下来的设备繁杂和标准混乱的局面严重地影响了生产的发展和统一管理，1951年4月6日，政务院第七十九次政务会议通过了《关于1951年国营工业生产建设的决定》，提出了"打破旧的生产标准，提高产量、提高质量、扩大品种"的重要任务，同时对标准化工作也提出了要求，促进了标准化工作的开展。根据标准化工作发展的需要，1949年10月，政务院财政经济委员会成立了中央技术管理局，下设标准规格处，管理全国的标准化工作。1953年，在国家计划委员会基本建设联合办公室的设计工作计划局内设立了标准处；其他部门和单位也建立了标准化机构，许多大中型企业还分别成立了标准化科、室、组；为了督促贯彻标准和确保产品质量，还建立了一些质量监督检验机构。同年，我国开始施行发展国民经济的第一个五年计划。在关于基本建设计划和实现工业生产计划的必要措施中指出，要提高设计工作质量，逐步地建立设计的各种定额、标准和制度；制定国家统一的技术标准；设立国家管理技术标准的机构。这些要求对于推动我国标准化工作的开展具有重要的意义。1957年初，国家技术委员会标准局成立，这是我国标准化工作从分散走向集中管理的开始，同年10月，在标准局下设了资料室，负责全国的标准资料工作，进行标准资料的统一管理和提供服务。随后，各部门也相继建立了上下统一的标准化机构，加强了标准化工作的领导[①]。党的十一届三中全会以后，我国标准化工作进一步面向经济建设，在加强同国民经济发展和生产建设相结合方面做了大量的工作。例如，为发展农业和促进消费品的生产，加强了农业和轻工业的标准化工作；为了节约能源，制定和颁布了一批能源管理和节能标准；为了实行对外开放政策，积极采用国际标准和国外先进标准，加强对引进技术和设备的标准化审查，开展了产品质量认证工作；为了配合企业整顿和贯彻经济责任制的需要，加强了企业标准化工作；为了实现管理现代化，开展了信息管理和计算机方面的标准化工作；为促进产品质量的提高，根据国家经济委员会《关于开展"质量月"活动的通知》的精神，

---

① 资料来源：https://zhuanlan.zhihu.com/p/28514277。

1978年7月15日国家标准总局发出通知，要求各部门各地方对现有技术标准进行清理和整顿，并在全国"质量月"活动中检查质量标准的贯彻执行情况和存在的问题，要求凡是没有质量标准的要制定出来，对技术内容已经落后的和质量指标不全的标准要加以修订和补充。

  党的十八大以来，我国标准化事业和相关工作取得了显著成效。2005年3月，由国务院印发的《深化标准化工作改革方案》为新时期标准化管理体制提出了新要求，明确了新的发展方向。该文件中要求改进标准制定的工作机制，强化标准制定的监督体系，以便更好地发挥标准化工作在推进国家治理体系和治理能力现代化过程中的基础性作用，促进社会经济稳定发展。其设定的标准化总体目标是，建立政府主导制定的标准与市场自主制定的标准协同发展、协调配套的新型标准体系，健全统一协调、运行高效、政府与市场共治的标准化管理体制，形成政府引导、市场驱动、社会参与、协同推进的标准化工作格局，有效支撑统一市场体系建设，让标准成为对质量的"硬约束"，推动中国经济迈向中高端水平。习近平总书记也高度关注标准化工作，在第39届国际标准化组织（ISO）大会的致辞中，他强调标准是人类文明进步的成果。由此可见，标准化工作已经从最初的不完善逐渐过渡到健全。尽管国际形势和国家社会经济发展情况不断变化，但是标准化在支撑产业发展和推进社会文明进步方面扮演的角色却始终并未改变，其对于推进创新协调发展战略的重要性不言而喻。推而广之，国际社会也对标准化持有相似观点，各国之间为了更加便利贸易往来，开始探索在全球治理和可持续发展过程中的技术支撑。

三、绩效评价标准化

  标准化绩效管理就是将"标准化管理"与"绩效管理"进行有机融合，充分发挥两者的长处而形成的一种新的管理价值理念。其以标准化管理为依托，以绩效沟通为主线，以绩效管理为动力，目的在于为组织构建运行高效的业务流程和权责清晰的岗责体系。标准化绩效管理是一种更新颖、更实际的管理方式，其将绩效管理工作与标准化工作有机融合在一起，使两项工作的优势得以充分体现，形成了全新的管理价值理念。标准化绩效管理是将制度的"刚性"与管理的"柔性"相结合，依靠标准化管理和绩效沟通，以绩效管理为动力，真正将组织高效运作发挥到极致。标准化绩效管理从整体上来看，全方位、多角度地呈现了组织绩效与个人绩效相统一的体系，通过设定科学的管理方法和管理内容，将各部门、各人员等利益主体汇聚到统一框架内，以绩效计划、绩效监控、绩效应用、绩效改进等为基础环节，将组织整体目标与个人绩效管理结合起来，更好地处理了组织与个人之间的利益分配问题。该概念最大的特点在于强调全员参与，动员了一切可以动员的力量参与到组织绩效管理中，实现了全过程、全人员参与，最大限度地凝聚了集体智慧，增强了组织和个人对标准化绩效管理的认同感和认知深度。由于强调了全员参与，所以能够进一步提升管理体系的科学性和实用性，实现组织目标与个人愿景的有机统一。目前来看，我国部分地方政府已经开始了标准化绩效管理的探索，为提高政府管理水平和管理能力发挥了积极作用，有效提升了政府运行效率。但是，标准化绩效管理由于在理论上还并不成熟，特别是在部分环节还存在"系统性缺陷"，因此，其真正的作用并未得到全方位展现。而且无论是政府组织，还是企业组织，其行政工作均具有特殊复杂性，再加上行政管理基础较为薄弱，单独推行标准化绩效管理难度极高，这也就导致了许多标准化绩效管理活动浮于表面，并无实质性进展。

绩效评价标准化则是通过更加科学、规范的标准体系，强化绩效管理的质量保证，注重评价实效，进而促进绩效管理评价质量的提升，强化绩效管理结果的应用实效。本书所研究的重点为水利预算项目支出绩效评价的标准化问题，意在通过科学论证，阐述水利预算项目支出绩效评价标准化的依据、内容、程序、方法和编写等各流程的标准化问题，通过构建共性的评价指标和评价方法，对水利预算项目的资金使用效率给予充分论证，以期能够更加规范水利预算项目资金使用流程，提高资金使用效率，增强资金使用效能。由于水利系统预算项目涉及范围较广、类型较为丰富，因此加快推进水利预算项目支出绩效评价工作的标准化，探索制定与新发展理念相适应、与高质量发展要求相匹配的绩效评价理论与方法，能够更加科学地指导水利预算项目支出绩效评价工作实践，深层次增进预算绩效评价工作成效。水利预算项目支出绩效评价工作的标准化，就是要在建立共性评价指标体系框架的基础上，根据部门资金使用特点、政策评价侧重，逐步建立分类别、分领域的个性指标体系，以便提高绩效评价工作的科学性、规范性和权威性。

第二节　理论基础

一、公共财政理论

公共财政理论可以追溯至 18 世纪古典经济学家亚当·斯密的《国富论》，在该书中，他对国家职责有如下论述：任何对市场经济的干预都是不可取的，政府只有三个应尽的义务：保护社会，使其不受其他独立社会的侵犯；尽可能保护社会每位公民，使其不受到社会上任何其他人的侵害或压迫；建立并维持某些公共事业以及某些公共设施。[①] 由此来看，他认为政府应该通过征税和财政支出来调节经济，维持社会公共利益和公共服务，其主张的是经济自由和利己主义，表示每个人在追求个人利益的时候，都会给整个社会带来共同的利益。

我国提出并探索建立公共财政体制是在党的十四大以后，一直到 1998 年的全国财政工作会议上，才第一次确定了我国财政体制改革的目标是要建立公共财政体系。1999 年，财政部就该问题进行了更为细致的研究，并

---

① 亚当·斯密.国民财富的性质和原因的研究（下卷）[M].郭大力，王亚男，译.北京：商务印书馆，1988：1974.

强调要建立公共财政基本框架，实质性地推进了我国公共财政体系的构建工作；同年的九届全国人大二次会议批准同意财政部提交的"转变财政职能，优化支出结构，建立公共财政的基本框架"的预算任务，开始了公共财政体制改革的进程。2003年10月，党的十六届三中全会通过的《中共中央关于完善社会主义市场经济体制若干问题的决定》提出，要"推进财政管理体制改革。健全公共财政体制，明确各级政府的财政支出责任"，将公共财政管理工作又向前推进了重要一步。2005年，党的十六届五中全会再次强调了"调整财政支出结构，加快公共财政体系建设"，加快了我国公共财政体制建设进程，对于整体推进公共财政体制改革做出了重要贡献。2006年，《中共中央关于构建社会主义和谐社会若干重大问题的决定》重申了"健全公共财政体制"，将该项工作推向了更高层级，加速了我国公共财政体制改革的步伐。

其实从学术角度来看，"公共财政"自引入国内，曾经掀起了"国家分配论"和"公共财政论"的理论探讨，专家学者及政府人员认为"公共财政"作为舶来品，并未形成共识。实质上，无论是国家分配论，还是公共财政论，两者并没有本质对立，也并不是相互排斥的。就国家分配论而言，公共财政反映了财政的本质，即要以国家为主体进行分配。而公共财政论则反映了财政活动的运行模式和内在机理。中华人民共和国成立以来，我国经济体制经历了从传统计划经济向社会主义市场经济体制转变的过程，公共财政管理的理念为理顺政府与财政之间的关系提供了一个新的思考方向。可以说，公共财政是以国家为实施主体，通过支配政府的财政收支，为市场提供更为完备的公共产品和公共服务，以此满足社会各界对经济发展和社会分配的合理需求，并且已经越来越成为与市场经济体制交互响应的财政管理体制。由于市场经济存在外部效应和信息不充分等问题，因此极易出现市场失灵等情况。为此，公共财政从消除市场失灵对经济社会的负面影响开始，保障各项工作顺利开展。在该领域，政府更多地承担矫正市场失灵的职责，解决市场无法解决的公共产品有效供给、自然垄断等问题。目前，学术界普遍认为，公共财政理论建立的基础在于公产品理论和市场失灵理论，公共财政也是市场经济条件下的财政。在社会主义市场经济条件下，公共财政更好地发挥了资源配置职能和调控经济职能。具体而言，公共财政作为政府"有形之手"的重要手段之一，针对市场失灵导致的问题，对社会资源进行直接分配或间接调节，以更好地提高资源利用效率。同时，公共财政还可以通过实施特定的财政政策，对物价水平、就业水平等关乎社会经济发展目标的经济职能加以调控，相机抉择，采取更加适宜的财政政策措施，稳定市场发展。即当社会总需求小于总供给时，政府会采取扩张性财政政策，通过增加财政支出和减少政府税收等形式，扩大总需求；相应地，如果社会总需求大于总供给，政府则会采用紧缩性财政政策，减少财政支出，抑制总需求，防止社会出现通货膨胀。

由于公共财政以满足社会公共需要、提供公共产品或服务为宗旨，因此根据社会产品的基本特性，可以将其分为纯公共产品、准公共产品和私人产品。其中，纯公共产品和准公共产品由于受众的普遍性和受益的公共性，应纳入政府保障的公共服务体系。根据其公共性程度的不同，政府应承担不同的保障和发展职责。我国水利各项工程集公益和灌溉等功能于一体，属于典型的纯公共产品，与水利相关的预算均来自国家财政，其项目支出也必然要在公共财政理论框架内得以实现。水利预算绩效管理是国家公共财政预算绩效管理的组成部分，是提高财政资金使用效益的重要措施。

二、公共预算理论

公共预算是政府的基本财政收支计划，从公共预算的内涵和本质来看，公共预算是政府用于公共财政收支计划，以及实现公共财政调控计划的工具。伴随着政府公共管理水平的不断推进和公共管理能力的逐渐提升，公共预算服务社会经济发展的功能也在完善，并且已经成为公共管理实践中最为重要的管理工具，构成了现代公共管理的核心。良性运行的公

第二章 水利预算项目支出绩效评价标准化的理论依据

共预算管理体系，对于政府财政管理具有积极的推动作用，可以真正提高政府的公共效益。因此，从这个角度出发，公共预算具备法定性和公开性的特点。其中，法定性是指公共预算具有法律效力，由于其属于公共财政，因此要求公共预算的各个环节所发生的业务都需要在法律规定的范围之内展开。无论是公共预算的编制、公共预算的执行，还是公共预算的决算等，都需要在《预算法》规定的范围内。《预算法》第一章第五条就已经明确，预算包括一般公共预算、政府性基金预算、国有资本经营预算和社会保险基金预算。该法律对公共预算的编制、审查、批准、执行、调整、决算等内容都做出了明确规定。这就意味着公共预算的各项工作都必须要在《预算法》的框架内进行，不经过法定程序，任何人都不得随意更改。公开性则是由公共预算的特征决定的。公共预算属于公共产品，反映的是全社会的公共需求和公共供给计划，与人民群众的利益紧密相关，需要向社会公开。无论是公共预算的编制过程，还是国家立法机构对预算的批准，都需要及时向社会公开，以便让公众对其有所了解，并接受社会各界监督。

公共预算理论是伴随着社会经济的发展而产生并不断深化的，学者针对各自研究的重点及关注的焦点，对公共预算的运行规律和内在机理做出了各自的阐释，并向政府提供如何做出财政预算最优化的判断，以及如何建立科学、合理的预算选择模型的参考。事实上，不仅仅是公共预算理论，任何一个理论都不是完美的，都或多或少存在缺陷，并随着人类对事物的认知程度的加深和社会经济形势的变化来不断修正。大多数理论和认知与理想化的机制设计或多或少存在差距，但这并不意味着我们设定理想化的公共预算模式是无效的。相反，只有通过科学论证，设定出最优状态下的公共预算管理体系，政府才能够根据公共预算执行相关工作，才能够对现实状况做出适当的改进。公共预算理论的意义也正是基于此，为政府和学术界提供了一个建立公共预算模式的方向，并为之提供了丰富的评判依据。除此之外，公共预算管理制度在我国形成的时间并不长，相关研究和理论需要经过社会实践的检验和评判。加之我国经济进入新常态以来，社会经济形势发生了较大变化，如何利用公共预算理论厘清我国公共预算现状以及面临的实际困境，进一步重构具有中国特色的公共预算管理理论，需要进一步思考。本书所研究的主体是水利预算项目的支出绩效，属于典型的公共预算内容，水利相关预算项目的支出也需要在公共预算管理体系内逐一展开研究。

三、标准化理论

标准化是指为了在既定范围内获得最佳秩序，促进共同效益提升，对现实问题或潜在问题确立共同使用和重复使用的条款以及编制、发布和应用文件的活动。国外关于标准的内涵，主要是1996年国际标准化组织（ISO）和国际电工委员会（IEC）发布的ISO/IEC第2号指南《标准化和相关活动的通用词汇》中的定义，即"为了在一定范围之内获得最佳秩序，而对现实问题或者潜在问题制定共同使用和重复使用的条款的活动"。标准是一种规范性文件，具有共同使用和重复使用的性质，标准的制定需要有一定的程序，要有一个协商一致的过程，并且要由公认的机构发布。目前比较有影响力的是国外学者桑德斯以及国内学者李春田、麦绿波等有关标准化的阐述。其中，桑德斯在其《标准化的目的与原理》一书中提出了标准化的七条原理，该书曾被ISO列为培训标准化管理人员和企业标准化人员的参考文献。七条原理为：①标准化从本质上讲，是社会有意识地努力达到简化的行为；②标准化不仅是经济活动，而且是社会活动；③出版的标准，如不实施，就无任何价值；④在制定标准时，最基本的活动是选择以及将其固定；⑤标准应在规定的时间内复审，必要时，还须进行修订；⑥在标准中规定产品性能或其他特性时，为判断该物品是否符合规定，必须规定进行试验的方法；⑦关于国家标准以法律形式强制实施的必要性，应根据该标准的性质、社会工业化程度、现行的法律和客观形势等情况慎重考虑。桑德斯提出的原理基本上是围绕标准化的目的、作用以及标准的制定、修订到实施过程展开的，这是对以往标准化经验的科学

第二章　水利预算项目支出绩效评价标准化的理论依据

总结。

李春田提出的"四原理"包括：①统一原理。使对象的形式、功能或其他技术特征具有一致性，并把这种一致性确定下来。②简化原理。事物的多样化发展到一定规模后，对事物的类型数目加以缩减，可以预防将来不必要的复杂性，简化包括种类、材料、零件、数值和结构要素的简化。③协调原理。任何一项标准都是标准系统中的功能单元，既受系统的约束，又影响系统功能的发挥。④最优化原理。其意指按照特定的目标，在一定的限制条件下，对标准系统的构成因素及其关系进行选择、设计或者调整，使之达到最理想的效果。"四原理"是一种基本框架，对标准化学科中的基本原理具有铺垫性作用，但其中对统一原理的认识还不够深入，容易导致对"标准化"内涵的片面理解，有的人认为标准是绝对的，谈"标准化"就是谈"规格、刻度、尺寸、容量"，缺少灵活的解读空间，等等。

麦绿波的"四公理"对李春田的观点进行了深化和拓展，丰富了标准化原理的内涵，包括：①"容差性"公理。标准化原理中的统一化是容差性的，是相对的、可接受偏差范围内的、实现期望效果的统一化。②"概率性"公理。统一化结果是概率性的，允许统一化的结果，没有实现全数的性质。③"泛元性"公理。统一化是泛元素性的，现实中单元素统一化的情况是很少的，大部分的统一化是多元素的统一化，例如标准化的交通标识牌，包括颜色、字体、图形、尺寸等多元素的统一。④"非量性"公理。统一化对象是"非量性"的，"非量性"指标准化的统一化不是由对象数量决定的性质。麦绿波的"四公理"的重要理论优势为：在看待标准化的第一性即"统一性"的立场上尤为正视"标准化统一的极限性"，即统一的精度不是无限高的，而是有限高的，现实中的统一是有限的统一，或者是容忍偏差范围的统一。

本书中的水利预算项目支出绩效评价的标准化，是指为了在财政预算管理中获得最佳秩序，运用标准化的原理，对水利预算项目的财政资金预算编制、审批等活动进行科学的总结，形成管理规范，用以指导财政部门更有效地从事财政预算编审活动。财政支出标准化的目的是公平分配财政资金，提高财政资金使用效益和财政管理效能。标准为财政资源的分配和管理提供了目标和依据，有了标准就有了评判公平、公正的尺子。因此，通过水利预算项目支出绩效评价的标准化工作而形成的项目支出标准体系是预算管理的基石，发挥着基础支撑作用。

第三章 我国绩效评价标准化的行业探索

CHAPTER THREE

THREE

本章选取了财政项目支出绩效评价标准化、农业项目支出绩效评价标准化、交通运输行业预算绩效评价标准化的行业探索，力求通过对比分析，提炼出三个案例对更好完成水利预算项目支出绩效评价标准化工作的启示。

第一节 不同行业绩效评价标准化的做法

一、财政项目支出绩效评价标准化

财政支出是政府为了更好地履行职责，向社会提供公共产品和服务，对其从私人部门集中起来的以货币形式表示的社会资源的支配和使用，最终满足社会共同需要而进行的财政资金支付。财政支出按照支出功能和支出经济可以划分为不同类别。其中，按照支出功能可以分为一般公共服务、外交、国防、教育、科学技术、社会保障和就业、医疗卫生等；按照支出经济可以分为工资福利支出、商品和服务支出等大类，转移性支出、赠与、债务利息支出等小类。由于财政支出是保证国家正常运转、维护国家安全和社会稳定的支出，因此，财政支出对效率、公平和经济稳定增长具有重要作用。我国在1998年底就已经正式提出了建设公共财政的任务，并启动了一系列的改革，逐步建立起了一套编制有标准、执行有约束、绩效有考评的现代预算管理制度。2011年，在国务院成立政府绩效管理工作部际联席会议制度基础上，财政部正式提出了预算绩效管理制度。2018年，我国预算绩效管理工作进入全面实施阶段，并逐渐形成"预算编制有目标、预算执行有监控、预算完成有评价、评价结果有反馈、反馈结果有应用"的预算绩效管理机制。国家运用财政支付，可以采取必要的财政政策、货币政策和国际收支政策,进一步对国民收入进行再分配,有效防范金融风险,保持国际收支平衡。最重要的是,国家通过财政支出,可以进行事关国计民生的基础设施建设和发展基础产业,创造公平竞争的市场秩序,合理利用和配置资源,满足人民群众基本的物质文化需要和促进国民经济的可持续发展。

财政部于2020年2月印发了《项目支出绩效评价管理办法》,其目的在于全面实施预算绩效管理,建立科学、合理的项目支出绩效评价管理体系,提高财政资源配置效率和使用效益,为财政项目支出绩效评价提供了重要依据。总体来看,该办法体现出以下特点:

首先,更加完善了项目支出绩效评价体系。财政部在设计项目支出绩效评价体系的过程中,坚持"科学公正、统筹兼顾、激励约束、公开透明"的原则,将项目支出绩效评价体系分为单位自评(见表3-1)、部门评价和财政评价三种方式。虽然三种方式在评价内容、评价方法等方面存在差异,但并不是割裂的。单位自评以项目支出实际发生单位为主体,按照"谁支出、谁自评"的原则,落实资金使用单位绩效主体责任。部门评价则是优先选择部门履职的重大改革发展项目,以5年为一个周期,对已开展的重点项目进行绩效评价。财政评价则更加聚焦,对党中央、国务院重大方针政策和决策部署的项目,特别是那些覆盖面广、影响力大、社会关注度高、实施期长的项目,进行周期性的绩效评价。需要说明的是,部门评价和财政评价需要建立在单位自评的基础上。

表3-1 项目支出绩效自评表

(　　年度)

项目名称							
主管部门				实施单位			
		年初预算数	全年预算数	全年执行数	分值	执行率	得分
项目资金 (万元)	年度资金总额				10		
	其中:当年财政拨款				—		—
	上年结转资金				—		—
	其他资金				—		—

第三章 我国绩效评价标准化的行业探索

续表

年度总体目标	预期目标				实际完成情况			
	一级指标	二级指标	三级指标	年度指标值	实际完成值	分值	得分	偏差原因分析及改进措施
绩效指标	产出指标	数量指标	指标1： 指标2： ……					
		质量指标	指标1： 指标2： ……					
		时效指标	指标1： 指标2： ……					
		成本指标	指标1： 指标2： ……					
	效益指标	经济效益指标	指标1： 指标2： ……					
		社会效益指标	指标1： 指标2： ……					
		生态效益指标	指标1： 指标2： ……					
		可持续影响指标	指标1： 指标2： ……					
	满意度指标	服务对象满意度指标	指标1： 指标2： ……					
总分						100		

其次，更加健全了项目支出绩效评价方法。绩效评价标准和绩效评价方法的确立，对于科学评价项目支出效率具有重要作用，亦是前置条件。由于单位自评、部门评价和财政评价的内容不尽相同，因此相应的评价方法也存在差异。单位自评主要关注项目支出的产出、效益和满意度指标，在方法上采用定量分析和定性评价相结合的方式，研究提出改进措施。而部门评价和财政评价则更加关注项目决策、项目和资金管理、产出和效益（见表3-2），在评价方法的选择上主要有成本效益分析法、最低成本法、因素分析法等，各支出项目可以根据实际发生业务的情况选择采用哪一种或哪几种评价方法。

最后，更加提高了项目支出绩效评价的科学性。建立科学、合理的项目支出绩效评价管理体系，对于提高财政项目的资金使用效率和配置效率具有重要作用。保证项目支出绩效的评价指标客观、评价标准合理、评价方法恰当，才能够公正地对财政项目支出的经济性和效率性进行评价。本办法要求同类项目绩效评价指标和标准具有一致性，从而保证了同类别的项目在单位自评环节拥有统一设置的指标权重。同时，由于突出了结果导向，因此进行部门评价和财政评价时应该首先选择最具代表性的产出和效益指标，原则上产出、效益指标权重不能低于60%。此外，为确保各项目支出评价结果更加公允和独立，财政部在对项目支出绩效评价时，要求委托第三方机构进行指导和监督管理，并强调委托人与项目实施主体相分离的原则。

在实践应用中，财政部福建监管局积极探索整体绩效评价，提高预算单位履职效能。其在《项目支出绩效评价管理办法》和《国务院关于进一步深化预算管理制度改革的意见》基础上，进一步完善了绩效评价体系，以资金管理为主线，设置与绩效目标相匹配的全面、精准、切合实际的绩效评价指标，根据部门职能职责、行业特点等，将产出、效益、满意度等方面的绩效目标具体量化为数量、质量、时效、成本、经济效益、社会效益、服务对象满意度等多方面指标，设定如业务完成率、经费执行率等具体定量指标，并逐级分解，完整衡量预算单位整体及核心业务实施效果，体现单位履职能力。

表 3-2 项目支出绩效评价指标体系框架（参考）

一级指标	二级指标	三级指标	指标解释	指标说明
决策	项目立项	立项依据充分性	项目立项是否符合法律法规、相关政策、发展规划以及部门职责，用以反映和考核项目立项依据情况	评价要点：①项目立项是否符合国家法律法规、国民经济发展规划和相关政策；②项目立项是否符合行业发展规划和政策要求；③项目立项是否与部门职责范围相符，是否属于部门履职所需；④项目是否属于公共财政支持范围，是否符合中央、地方事权支出责任划分原则；⑤项目是否与相关部门同类项目或部门内部相关项目重复
		立项程序规范性	项目申请、设立过程是否符合相关要求，用以反映和考核项目立项的规范情况	评价要点：①项目是否按照规定的程序申请设立；②审批文件、材料是否符合相关要求；③事前是否已经过必要的可行性研究、专家论证、风险评估、绩效评估、集体决策
	绩效目标	绩效目标合理性	项目所设定的绩效目标是否依据充分、是否符合客观实际，用以反映和考核项目绩效目标与项目实施的相符情况	评价要点：（如未设定预算绩效目标，也可考核其他工作任务目标）①项目是否有绩效目标；②项目绩效目标与实际工作内容是否具有相关性；③项目预期产出效益和效果是否符合正常的业绩水平；④是否与预算确定的项目投资额或资金量相匹配

续表

一级指标	二级指标	三级指标	指标解释	指标说明
决策	绩效目标	绩效指标明确性	依据绩效目标设定的绩效指标是否清晰、细化、可衡量等，用以反映和考核项目绩效目标的明细化情况	评价要点： ①是否将项目绩效目标细化分解为具体的绩效指标； ②是否通过清晰、可衡量的指标值予以体现； ③是否与项目目标任务数或计划数相对应
决策	资金投入	预算编制科学性	项目预算编制是否经过科学论证，有明确标准，资金额度与考核年度目标是否相适应，用以反映和考核项目预算资金编制的科学性、合理性情况	评价要点： ①预算编制是否经过科学论证； ②预算编制内容与项目内容是否匹配； ③预算额度测算依据是否充分，是否按照标准编制； ④预算确定的项目投资额或资金量是否与工作任务相匹配
决策	资金投入	资金分配合理性	项目预算资金分配是否有测算依据，与补助单位或地方实际是否相适应，用以反映和考核项目预算资金分配的科学性、合理性情况	评价要点： ①预算资金分配依据是否充分，与项目单位或地方实际是否相适应； ②资金分配额度是否合理
过程	资金管理	资金到位率	实际到位资金与预算资金的比率，用以反映和考核资金落实情况对项目实施的总体保障程度	资金到位率=(实际到位资金/预算资金)×100% 实际到位资金：一定时期（本年度或项目期）内落实到具体项目的资金 预算资金：一定时期（本年度或项目期）内预算安排到具体项目的资金
过程	资金管理	预算执行率	项目预算资金是否按照计划执行，用以反映或考核项目预算执行情况	预算执行率=(实际支出资金/实际到位资金)×100% 实际支出资金：一定时期（本年度或项目期）内项目实际拨付的资金

续表

一级指标	二级指标	三级指标	指标解释	指标说明
过程	资金管理	资金使用合规性	项目资金使用是否符合相关的财务管理制度规定，用以反映和考核项目资金的规范运行情况	评价要点： ①是否符合国家财经法规和财务管理制度以及有关专项资金管理办法的规定； ②资金的拨付是否有完整的审批程序和手续； ③是否符合项目预算批复或合同规定的用途； ④是否存在截留、挤占、挪用、虚列支出等情况
	组织实施	管理制度健全性	项目实施单位的财务和业务管理制度是否健全，用以反映和考核财务和业务管理制度对项目顺利实施的保障情况	评价要点： ①是否已制定或具有相应的财务和业务管理制度； ②财务和业务管理制度是否合法、合规、完整
		制度执行有效性	项目实施是否符合相关管理规定，用以反映和考核相关管理制度的有效执行情况	评价要点： ①是否遵守相关法律法规和相关管理规定； ②项目调整及支出调整手续是否完备； ③项目合同书、验收报告、技术鉴定等资料是否齐全并及时归档； ④项目实施的人员条件、场地设备、信息支撑等是否落实到位

续表

一级指标	二级指标	三级指标	指标解释	指标说明
产出	产出数量	实际完成率	项目实施的实际产出数与计划产出数的比率，用以反映和考核项目产出数量目标的实现程度	实际完成率＝(实际产出数／计划产出数)×100% 实际产出数：一定时期（本年度或项目期）内项目实际产出的产品或提供的服务数量 计划产出数：项目绩效目标确定的在一定时期（本年度或项目期）内计划产出的产品或提供的服务数量
	产出质量	质量达标率	项目完成的质量达标产出数与实际产出数的比率，用以反映和考核项目产出质量目标的实现程度	质量达标率＝(质量达标产出数／实际产出数)×100% 质量达标产出数：一定时期（本年度或项目期）内实际达到既定质量标准的产品或服务数量。既定质量标准是指项目实施单位设立绩效目标时标准值计划标准、行业标准、历史标准或其他标准而设定的绩效指标值
	产出时效	完成及时性	项目实际完成时间与计划完成时间的比较，用以反映和考核项目产出时效目标的实现程度	实际完成时间：项目实施单位完成该项目实际所耗用的时间 计划完成时间：按照项目实施计划或相关规定完成该项目所需的时间
	产出成本	成本节约率	完成项目计划工作目标的实际节约成本与计划成本的比率，用以反映和考核项目产出的成本节约程度	成本节约率＝[(计划成本－实际成本)／计划成本]×100% 实际成本：项目实施单位完成既定工作目标实际所耗费的支出 计划成本：项目实施单位为完成工作目标计划安排的支出，一般以项目预算为参考

续表

一级指标	二级指标	三级指标	指标解释	指标说明
效益	项目效益	实施效益	项目实施所产生的效益	项目实施所产生的社会效益、经济效益、生态效益、可持续影响等，可根据项目实际情况有选择地设置和细化
		满意度	社会公众或服务对象对项目实施效果的满意程度	社会公众或服务对象是指因该项目实施而受到影响的部门（单位）、群体或个人。一般采取社会调查的方式

二、农业项目支出绩效评价标准化

农业是国民经济的基础产业，事关民生福祉和经济社会发展全局。中华人民共和国成立以来，国家一直重视农业在社会经济中的地位，对于农业农村问题的关注程度逐年提高。特别是党的十八大以来，以习近平同志为核心的党中央站在统筹中华民族伟大复兴战略全局和世界百年未有之大变局的高度，引领推进新时代农业农村现代化建设事业，坚决把解决好"三农"问题作为全党工作的重中之重。长期以来的实践反复证明，农业对于稳定我国市场经济具有基础作用。农业财政资金是指国家财政预算中用于农业的各种支出。农业财政资金既包括中央财政预算的农业资金，也包括地方财政预算的农业资金。农业项目之所以需要国家财政投资，主要是由农业公共产品的属性以及农业生产的外部性决定的。在农业生产中，除了私人投资和私人产品外，还存在许多公共产品。比如，以农村道路、农村水电为主要代表的农村基础设施，以水渠、沟灌等为主的农田公共设施，以及以公共技术服务和公共气象服务为主要形式的农村基本公共服务，都属于准公共产品或者纯公共产品的范畴。根据经济学相关原理，纯公共产品具有非排他性和非竞争性的特点。在市场经济条件下，农村经营主体在公共产品上极易出现"搭便车"行为，进而导致农业公共产品供给的低效率。这就需要政府对公共产品进行供给，政府也就成为了最主要的供给主体。由政府出资进行农业农村生产生活所需要的公共产品供给，是现实发展需要，更是独具特色的供给方式。同时，农业是关系国计民生的基础产业，又具有较强的生态效益和社会效益，农业生产往往具有正的外部性，即农业生产的边际社会收益大于农业生产的边际私人收益。对这种市场失灵的校正需要政府投资来补贴农业生产所产生的外部性，给农业生产者一定的财政补贴，以使农业生产量达到社会有效的水平①。

国家标准化管理委员会于2014年12月出台了《国家农业标准化示范项目绩效考核办法（试行）》，内容包括考核原则、考核对象、考核管理、考核内容、考核程序、考核等级的确定、考核结果的运用和其他，为规范国家级农业标准化示范项目的绩效管理提供遵循。总体来看，该办法主要体现出以下特点：

（1）考核程序遵循"自查—主管部门复审—专家审核—国家标准化管理委员会抽查复核"的步骤。即：①示范项目建设承担单位应在每年11月前对照本办法进行自查，形成自查报告，并将自查报告报省级标准化行政主管部门和国务院有关部门。②省级标准化行政主管部门和国务院有关部门要及时对自查报告进行审核，经审核通过可以进行绩效考核的，通知承担单位具体考核时间。经审核不能进行绩效考核的，要提出存在的问题和改进意见。③经审核可以进行绩效考核的示范项目，省级标准化行政主管部门和国务院有关部门按照《示范项目绩效考核指标评分表》的内容，组织相关专家成立考核组进行绩效考核。④示范区绩效考核工作完成后，省级标准化行政主管部门和国务院有关部门于每年12月15日前以示范区为单位分别将其自查报告、示范项目绩效考核指标评分表和示范项目绩效考核报告等材料报送国家标准化管理委员会。⑤国家标准化管理委员会建立绩效考核抽查复核制度，结合各省级标准化行政主管部门和国务院有关部门报送的材料，对考核对象和考核结果实施抽查复核。抽查复核工作由国家标准化管理委员会组织专家成立的抽查复核组进行，对抽查复核中发现的问题及时反馈给所在地省级标准化行政主管部门和国务院有关部门，并限期整改，整改结果经省级标准化行政主管部门和国务院有关部门确认后报送国家标准化管理委员会。

（2）具有较为完善且科学的考核指标评分表。该办法也提供了国家农业标准化示范项目绩效考核指标评分表（见表3-3），成为国家农业标准

---

① 何江，黎旭光，吴冠华，等．农业经济学［M］．江门：江门人民出版社，2000：176.

化示范项目绩效考核的衡量标准。在该指标体系中，绩效考核内容由项目决策、项目管理、项目绩效3项一级指标组成。其中，项目决策20分、项目管理30分、项目绩效50分。在项目决策指标下，又涵盖了项目目标、决策过程、资金分配3项二级指标，目标内容、项目服务对象、项目考核体系、项目实施计划、项目预算安排、项目分配结果6项三级指标。项目管理包括资金到位、资金管理、组织管理3项二级指标，到位率、到位时效、资金使用、财务管理、组织结构、管理制度、市场监管力度、政策保障、档案记录、过程控制10项三级指标。项目绩效包括项目产出、项目效果2项二级指标，标准体系建设、标准化生产覆盖率、示范带动规模、农业标准化队伍建设、标准化培训、经济效益、社会效益、生态效益8项三级指标。

（3）在实践应用中得到普遍认可。在实践应用中，2023年1月13日，河北省专家考核组根据《国家农业标准化示范区项目目标考核规则》和《国家农业标准化示范项目绩效考核办法（试行）》的要求，对第十批国家农业标准化示范区中的武邑县国家级红梨产业标准化示范区进行了现场考核和评估验收，专家考核组通过听取汇报、现场考察、审查资料、评价打分等形式，最终形成了考核评估报告。经综合评定，该项目标准化示范区建设体系完善、推进有力、成效显著，以92.5分（90分以上为优秀）的优异成绩顺利通过考核评估验收[1]。此次评估通过完善标准体系，大力推广和普及标准化，标准化工作水平得到了有效提升，经济效益、社会效益、生态效益成效显著，为农业增效、农民增收以及推进武邑经济社会发展起到了积极作用，充分体现了绩效考核标准化对于农业项目建设的重要性。

---

[1] 资料来源：https：//mp.weixin.qq.com/s?__biz＝MzI3MjAyODU2MA＝＝&mid＝2654993124&idx＝6&sn＝a792ea1b7ccb7c9b3fdd3bf9ee1e9a1a&chksm＝f0f39c1bc784150dc598522475c58cfc6008d8ec7e944ed50060b96eb2a7cc790c59fd97806d&scene＝27。

表 3-3　国家农业标准化示范项目绩效考核指标评分表

一级指标	分值	二级指标	分值	三级指标	分值	得分	指标解释	评价标准
项目决策	20	项目目标	4	目标内容	4		目标是否明确、细化、量化	目标明确（1分），目标细化（1.5分），目标量化（1.5分）
				项目服务对象	2		服务对象是否明确	服务对象是农业、农村、农民（2分），其他（0~1分）
		决策过程	8	项目考核体系	2		考核体系是否符合经济社会发展规划和各地、各部门年度工作计划	符合经济社会发展规划（1分），符合各地、各部门年度工作计划（1分）
				项目实施计划	4		项目是否符合申报条件；申报、批复程序是否符合相关管理办法；项目调整是否履行相应手续	项目符合申报条件（1.5分），申报、批复程序符合相关管理办法（1.5分），项目实施调整履行相应手续（1分）
		资金分配	8	项目预算安排	2		是否根据需要制定相关资金管理办法，并在管理办法中明确资金分配办法；资金分配因素是否全面、合理	办法健全、规范（1分），因素选择全面、合理（1分）
				项目分配结果	6		资金分配是否符合相关管理办法；分配结果是否合理	资金分配符合相关管理办法（2分），资金分配合理（4分）

续表

一级指标	分值	二级指标	分值	三级指标	分值	得分	指标解释	评价标准
项目管理	30	资金到位	5	到位率	3		实际到位/计划到位×100%	根据项目实际到位资金占计划的比重计算得分（3分）
				到位时效	2		资金是否及时到位，若未及时到位，是否影响项目进度	及时到位（2分），未及时到位但未影响项目进度（1.5分），未及时到位并影响项目进度（0~1分）
		资金管理	10	资金使用	7		是否存在支出依据不合规，虚列项目支出的情况；是否存在截留、挤占、挪用项目资金情况；是否存在超标准开支情况	虚列（套取）扣4~7分，支出依据不合规扣1分，截留、挤占、挪用扣3~6分，超标准开支扣2~5分
				财务管理	3		资金管理、费用支出等制度是否健全，是否严格执行；会计核算是否规范	财务制度健全（1分），严格执行制度（1分），会计核算规范（1分）
		组织管理	15	组织结构	1.5		是否有组织机构，人员结构是否合理，人员技术机构，人员结构是否符合要求	成立组织机构，人员结构合理，有独立办公室，有专职人员，有明确分工（0.7分）；设立技术机构，人员结构符合要求，有技术总责任人，技术运作能力强（0.8分）
				管理制度	1.5		是否有计划、实施与控制、部门是否分工协作；是否有工作机制	实施方案和年度计划科学合理，便于实施控制，有工作总结，有完善的过程控制和持续改进方案（0.8分）；部门分工明确，沟通协调机制健全，效果良好（0.3分）；有明确的激励制度，能及时反映、兑现激励反应积极，农工对激励反应积极（0.4分）

续表

一级指标	分值	二级指标	分值	三级指标	分值	得分	指标解释	评价标准
项目管理	30	组织管理	15	市场监管力度	2.5		是否进行生产投入品监管；服务体系是否建立	有年度监管文件，工作计划和实施监管记录文件，无违法记录（1分）；建立了能够实施规模化服务的专门体系，形成统一结合的服务机制，组织化程度高，反应快，统一服务率80%以上（1.5分）
				政策保障	1.5		是否出台了示范区建设的相关政策	出台了相关政策，支持力度大，作用显著（1.5分）
				档案记录	5		是否有投入品记录；是否有加工记录	有投入品记录，记录完整，真实，清晰，票证齐全（1分）；有加工记录，记录完整，能明显体现关键控制点（1.5分）；有加工记录，包括：产品初加工记录顺序明确且过程完整，质量定期检验结果记录齐全，并有相关检验报告（1.5分）；产品的贮运，加工与销售去向记录明了，过程中的转换记录清晰（1分）
				过程控制	3		是否有关键控制点实施主体监管；是否建立过程监督机制	过程关键控制点明晰，完整，有系统的监管方案和措施，有详细的关键控制监管记录（1分）；监督与实施主体分离，监督主体资质具备，有明确的工作职责和相关制度（1分）；监管制度的操作性强，人员自律性高，被监管人员对监管的反映良好（1分）

续表

一级指标	分值	二级指标	分值	三级指标	分值	得分	指标解释	评价标准
项目绩效	50	项目产出	25	标准体系建设	4		标准制（修）订人员结构是否合理，标准配套是否齐全，各项标准是否现行有效；标准是否具有实用性	标准制（修）订人员结构合理，具备良好资质（1分）；标准配套齐全，各项标准现行有效（2分）；标准应用满意率≥85%（1分）
				标准化生产覆盖率	2.5		实施标准化生产的面积（数量）/示范区面积（数量）	根据实施标准化生产的面积占示范区面积的比重计算得分
				示范带动规模	12		农业企业是否具有一定发展规模，是否具有一定的加工能力或水平；是否形成了品牌或通过了认证；是否成立了专业化协会，专业化协会与外部联系是否紧密	有多家企业，有明显龙头企业，并带动形成了当地的支柱产业，产业群基本形成，经济增长显著（2分）；形成产业链并可完全"消化"区内原产品，或短链产业在国内形成较大市场规模（3分）；有1个以上品牌产品或有1个以上产品通过认证（3分）；形成了行业协会和专业化服务组织，组织运行机制较好，容纳农户规模占示范农户90%以上（2分）；协会与企业有直接供销关系或能够直销本协会产品，与相关部门合作良好（2分）
				农业标准化队伍建设	2.5		是否形成了一支精干的农业标准化人才队伍	形成了一支10人以上的农业标准化人才队伍，且都经过标准化培训（应有证明材料）（2.5分）

第三章 我国绩效评价标准化的行业探索

续表

一级指标	分值	二级指标	分值	三级指标	分值	得分	指标解释	评价标准
项目绩效	50	项目产出	25	标准化培训	4		是否有培训师资队伍；培训资料是否齐备有效；培训实施情况是否良好	有培训教师资源调查表，有培训师资相关证明文件，有受聘文件和老师签字，培训师资队伍结构合理（1分）；培训师资内容紧密围绕示范区标准，材料配套齐全，适用性强（1分）；有完整培训计划并按期实施，平均培训率90%以上，有完整培训记录，平均满意度80%以上（2分）
		项目效果	25	经济效益	12		农民是否增收；市场效益是否良好；整体是否增长	人均收入平均年增幅10%以上（4.5分）；产品商品化率100%，产业化增值率高，投资收益率90%以上，示范区内农业标准化覆盖率95%以上，且农产品质量合格率95%以上（3.5分）
				社会效益	6		农业标准化意识是否已经形成；农产品安全性是否提高	农民标准化意识明显提高，区内标准化意识已经形成，有农业标准化推动的成功经验（3分）；安全性有保障，社会声誉良好，无不安全事件（3分）
				生态效益	7		农药年用量减少幅度是否明显；对生态环境改善作用是否显著	能够严格执行有关规定，杜绝禁用药品流入，年农药用量三年前平均下降30%以上（5分）；有建设前和验收期的产地环境检测报告，比较结果明显向良性化发展（2分）
总分	100		100		100			

045

三、交通运输行业预算绩效评价标准化

党的十九大报告提出，新的经济发展形势主要表现为以发展国内经济为主体、国内国际经济双循环辅助促进，由此得出促进国民经济的发展是经济社会发展的重要目标，我国交通运输行业在新时期经济发展过程中发挥着至关重要的作用，关乎新时代经济发展的进程，是促进新经济发展的主力军。因此，进一步改善我国交通运输业企业的管理，如降低企业生产成本、提高经济效益等举措显得尤为必要，而发挥预算管理的监督作用是解决当前问题的关键。新时代经济发展格局不仅促使交通运输行业时刻接受着外部经济环境的严峻考验，也对预算管理工作提出了更高的要求。

近年来，交通系统围绕党的十九大报告提出的"全面实施绩效管理"和财政部有关预算绩效管理的要求，加强了财政项目的预算绩效管理工作，针对交通系统的项目特色，实现了部门预算财政拨款项目支出绩效目标编报、监控、自评全覆盖，特别是在部门预算和中央对地方转移支付资金的预算绩效评价试点工作中取得了显著成效，并且在2018年财政部预算绩效管理工作考评中获得优秀等级。2021年1月，交通运输部办公厅印发《交通运输部项目支出预算绩效管理办法》，进一步优化了部门预算一级项目和二级项目的设置，梳理并规范了一级项目绩效目标和绩效指标设置（见表3-4），强化了项目支出事前绩效评估，以及绩效执行监控和绩效自评工作，稳步推进部门预算项目重点绩效考评等各项工作，总体来看，实施效果良好。该办法主要体现出以下特点：

首先，强调了事前绩效评估的重要性。任何事情都需要防患于未然，只有从源头上解决潜在的风险，才能够保障事情顺利开展。预算项目支出绩效评价也是如此，为了提高预算绩效管理效率以及财政资金的使用效率，要加强事前绩效评估工作，从源头上防控财政资源配置出现低效率或者无效率的情况。该办法中将绩效管理工作前移，提出要建立重大政策或项目的事前评估机制。各部门对新出台的重大政策、项目要开展事前绩效

评估工作。财政部门要加大项目预算审核力度，如有必要，可以通过第三方机构独立开展绩效评估，以保证项目实施的客观性和公正性。但是，事前评估并不是割裂原有预算安排，而是结合预算评审、项目审批等工作，以绩效导向为原则开展相关工作。

其次，实施了预算和绩效"双监控"。通过强化预算执行进度和绩效目标实现程度的动态监控，发现项目预算执行过程中可能或者已经存在的问题，及时进行调整，真正确保预算项目如期保质保量完成。"双监控"的实施，能够更加方便调整预算执行过程中的偏差，避免出现资金闲置甚至浪费的情况，及时堵住项目预算管理过程中出现的各种漏洞，确保资金高效使用。

最后，建立了多层次的绩效评价体系。各部门、各单位对预算执行情况以及政策、项目实施效果开展绩效自评，各级财政部门建立重大政策、项目预算绩效评价机制，逐步开展部门整体绩效评价，对下级政府财政运行情况实施综合绩效评价，必要时可以引入第三方机构参与绩效评价。通过这种多层次的绩效评价体系，避免了单一评价存在的偏差，能够多维度、全方位反映财政预算项目资金使用效益，提高财政资金配置效率。

表3-4　项目支出绩效目标申报表
（　　年度）

项目名称			
主管部门及代码		实施单位	
项目属性		项目周期	
项目资金（万元）	中期资金总额：	年度资金总额：	
	其中：财政拨款	其中：财政拨款	
	上年结转资金	上年结转资金	
	其他资金	其他资金	

续表

总体目标	中期目标		年度目标	
	目标1： 目标2： ……			目标1： 目标2： ……	

绩效指标	一级指标	二级指标	三级指标	指标值	二级指标	三级指标	指标值
	产出指标	数量指标	指标1 ……		数量指标	指标1 ……	
		质量指标	指标1 ……		质量指标	指标1 ……	
		时效指标	指标1 ……		时效指标	指标1 ……	
		成本指标	指标1 ……		成本指标	指标1 ……	
	效益指标	经济效益	指标1 ……		经济效益	指标1 ……	
		社会效益	指标1 ……		社会效益	指标1 ……	
		生态效益	指标1 ……		生态效益	指标1 ……	
		可持续影响 ……	指标1 ……		可持续影响	指标1 ……	
	满意度指标	服务对象满意度	指标1 ……		服务对象满意度	指标1 ……	

第二节　对水利预算项目支出绩效评价标准化的启示

本书选取了财政项目支出绩效评价标准化、农业项目支出绩效评价标准化和交通运输行业预算绩效评价标准化三个不同绩效评价标准化的做法，对比分析了当前及未来水利预算项目支出绩效评价标准化的趋向，得出以下三点可供借鉴的启示：

（1）建立了标准化的预算绩效管理制度体系。为了更好地开展水利项目预算绩效管理工作，首先，应该更加健全预算绩效管理系统，强化管理系统性。要将预算绩效管理的各环节分解，责任细化到人，实行精细化管理，切实提高责任人的预算绩效管理意识。对于预算绩效管理工作中的关键环节，应该着重关照，确保每一个环节不出现问题，以便使预算绩效管理流程更加顺畅。水利预算绩效管理工作要做到权威性和科学性，就必须要将绩效管理工作作为一项长期工作持续来抓，并使其制度化，通过明确的责任分工和部门间协作配合，搭建更加合理、科学的预算绩效管理工作体系。其次，要坚持实事求是的原则，引导多部门人员积极参与到预算绩效管理工作中，做到职责分明；更要对各级人员做好监督管理，确保每个人都能够以正确的方式开展预算绩效管理，以便降低不必要的预算风险。最后，针对水利预算单位级次多、链条长的特点，进一步完善下管一级、辐射推进的绩效管理分级推动机制；逐级加强宣传培训、绩效复核、结果应用等各项工作，层层落实责任、传导压力，将预算绩效管理工作逐级做深做实。

（2）构建了科学的预算绩效评价指标体系。客观、合理、可量化、可比较的指标来源是预算项目支出绩效评价标准化的前提。预算项目支出绩效评价指标体系应该既包含共性指标，以评价水利预算各项目的发展水平和进行横向比较，又要突出个性指标，以体现不同类别水利项目的差异化特点。共性指标是适用于所有评价对象的指标，主要包括经济效益、社会效益等，而个性指标是针对预算部门或项目特点单独设定的，适用于不同预算部门或不同项目的业绩评价。特别是针对水利预算项目而言，涉及面广、涵盖行业多，对于预算绩效评价指标体系的要求不能固定不变，只有坚持"共性指标为主，个性指标为辅"的指标体系构建原则，才能够更加全面地反映水利预算项目的支出效率，真实反映水利预算资金的使用效能。

（3）形成了预算绩效动态评价和调整完善机制。任何工作的实施都没有终点，只有保持动态性，才能够保障工作可持续。水利预算绩效管理要保证预算绩效数据的正确性，对预算执行情况和预算评价结果开展动态监管，以更好、更及时地发现项目进展过程中存在的问题，进而实现有效整改，提高财政资金使用效率。福建监管局为提高整体预算管理工作效率，监控跟踪业务开展或政策实施的全过程，坚持落实绩效监控常态化。在年中绩效运行监控时，合理评估绩效目标预计完成情况，根据实际情况对绩效目标做出恰当调整，并及时纠错、纠偏，制定切实有效的改进措施，为绩效管理工作的顺利推进奠定了坚实的基础①。以此来看，在水利预算项目支出绩效评价标准化的基础上，也应该完善动态评价和调整机制，更好地适应水利预算项目绩效管理的需求。

---

① 资料来源：http://fj.mof.gov.cn/gzdt/caizhengjiancha/202206/t20220613_3817607.htm。

第四章 水利预算项目支出绩效评价标准化的实施调研分析

CHAPTER FOUR

FOUR

第四章 水利预算项目支出绩效评价标准化的实施调研分析

本章通过梳理有关水利预算项目支出绩效评价的相关工作，阐述了推进水利预算项目支出绩效评价标准化的必要性，论述了水利预算项目支出绩效评价的实践探索，最后结合党中央对现代预算制度的要求和水利预算绩效评价现状，指出了推进水利预算项目支出绩效评价标准化工作所面临的困境。

第一节 推进水利预算项目支出绩效评价标准化的必要性

一、全面实施预算绩效管理的必然选择

全面实施预算绩效管理是新发展阶段，为了更好地适应财政收支规模不断扩大和缓解财政收支矛盾所创新的预算管理方式。该方法更加注重以结果为导向，强调财政资金的成本效益以及责任约束，更是深化财税体制改革和建立现代财政制度的重要内容。习近平总书记强调，发展为了人民，这是马克思主义政治经济学的根本立场。财政预算支出是政府部门在财政预算安排中用于支出的资金，是国家参与国民收入分配的主要形式。财政收入取之于民、用之于民，就是为了能够更好地满足人民群众对美好生活的向往，落实以人民为中心的发展思想。各级财政部门只有树立人民意识，才能够把实现好、维护好、发展好最广大人民的根本利益作为工作的落脚点。全面实施预算绩效管理就是要通过科学、合理的管理手段，在预算管理的各个环节强化绩效意识，提高财政资金的使用效率，真正提升财政资金的价值，如此才能够更加科学地配置财政资源，提高公共服务质量和水平，实现更高质量、更有效率和更加公平的发展机会，真正使人民

获得感、幸福感和安全感更可持续。

开展水利预算项目支出绩效评价标准化工作，是贯彻全面实施预算绩效管理的重要内容和必然选择。全面实施预算绩效管理使管理理念、管理方式、管理措施等多维度实现了预算资金的高效使用，也为开展绩效评价标准化工作提供了很好的基础。水利预算项目涉及面广、时间长、资金量大，能否更加高效地实施预算绩效管理，对于各水利预算单位而言至关重要。预算项目支出绩效评价标准化就是要管好用好财政资金，将资金使用规范化、科学化，将钱用到刀刃上、花出效益来。特别是在当前我国经济发展进入新常态，再加上新冠疫情对地方财政带来的冲击，提高资金使用效率就显得尤为关键和必要。

二、国家治理体系和治理能力现代化的组成部分

国家治理体系和治理能力现代化是我们党面对党情国情世情做出的选择，是社会生产发展到新常态之后为了更好地适应发展而提出的治理理念。2013年11月，党的十八届三中全会提出"国家治理体系和治理能力现代化"的重大命题，成为继工业、农业、国防和科学技术四个现代化之后的"第五化"。国家治理体系和治理能力现代化是党中央从党和国家发展全局出发作出的战略安排和重大决策部署。全面实施预算绩效管理作为财政体制现代化改革的制度建设，对提高政府治理能力具有重要意义，能够更加优化财政资源配置效率、提升社会公共服务质量。

推进预算绩效评价标准化是推进国家治理体系和治理能力现代化的内在要求，更是优化财政资源配置的重大举措。通过推进预算绩效评价标准化，能够更加细化绩效管理的环节，更加突出绩效管理在资金管理中的作用。科学、合理制定预算绩效评价标准化的步骤，就是为了更好地提高资金使用效率，加强资金监管。从国家治理的关键节点来看，主要回答"谁治理、如何治理、治理如何"这三个根本问题，公共行政学领域也围绕这三个问题做出了诸多探讨。国家治理体系和治理能力现代化的要求对各级

政府提出了更高的行动标准和行动准则,这与政府绩效管理在行动逻辑和理论逻辑上是高度一致的。预算绩效管理不仅是提升各级政府绩效的工具,也应该从深层次探究其价值内涵。

三、全力服务我国水利高质量发展的重要基础

党的十八大以来,我国水利发展迈上新台阶。以习近平总书记为核心的党中央高度重视水利工作,提出了"节水优先、空间均衡、系统治理、两手发力"的治水思路,谋划了国家水网等重大水利工程,为新时代水利发展提供了强大的思想武器和科学行动指南。总体来看,无论是水旱灾害防御能力、农村饮水安全,还是水资源集约利用、水利治理能力等都取得了显著成效,为扎实推动新阶段水利高质量发展奠定了坚实基础。水利预算项目支出绩效管理工作是我国水利高质量发展的重要组成部分,强化了全过程水利预算项目支出管理,加大了预算实施的管理与考核力度,为保障水利发展提供了资金支持。认真贯彻落实党中央关于水利高质量发展的要求,就是要不断提高水利预算项目支出绩效水平。

由于我国水利预算项目具有工程量大、投资多、工期长等特点,对预算绩效管理的要求较高,倒逼预算绩效管理水平的提升,这就需要有相应的管理体制进行约束。推进预算绩效评价标准化就是在更科学的维度,推进水利预算项目支出更加合理、规范,有效保障我国水利平稳健康发展。

第二节 水利预算项目支出绩效评价的实践探索

我国水利预算绩效管理经过 20 多年的发展,预算绩效管理工作逐步实现了从"过程管理"到"效果管理"、从"事后考评"到"事前设定绩效评估、事中实施绩效监控、事后进行绩效评价"全过程绩效管理的转变。各部门、各预算单位预算绩效管理的理念和效率观念初步形成,预算绩效

管理制度逐步建立，部门预算绩效管理的组织领导体系日臻完善，支出责任意识不断增强，财政资金的使用效率有所提高。本书以2022年水利预算项目支出绩效评价工作为例，阐述其具体工作流程。

一、基本情况

按照《水利部财务司关于开展2022年度重点项目及单位整体支出绩效评价工作的通知》要求，水利部预算中心组织对水土保持业务、水文测报、水利工程运行管理等8个重点项目以及珠江水利委员会珠江流域水土保持监测中心站、淮河水利委员会淮河流域水土保持监测中心站2个单位整体支出开展部门评价，涉及资金12.03亿元。基本情况见表4-1。

表4-1 水利部2022年度重点项目及单位整体支出基本情况

序号	项目名称	承担单位	金额（万元）
一、部门重点项目			
1	水文测报	黄委、长江委、淮委、海委、松辽委、珠委、太湖局、信息中心	19484.79
2	水土保持业务	部机关、黄委、长江委、淮委、海委、松辽委、珠委、太湖局、水规总院、综合局、泥沙中心、水科院	11741.35
3	河湖管理及河湖长制	黄委、长江委、淮委、海委、松辽委、珠委、太湖局、河湖中心、发研中心、水科院、综合局	3191.43
4	水利工程运行管理	黄委、长江委、淮委、海委、松辽委、太湖局、建安中心	71587.31
5	水资源管理	部机关、黄委、长江委、淮委、海委、松辽委、珠委、太湖局、信息中心、宣教中心、调水局、水规总院、综合局、水资源中心、灌排中心、发研中心、水科院、南科院	6635.14

续表

序号	项目名称	承担单位	金额（万元）
6	水利建设管理	黄委、长江委、淮委、海委、松辽委、珠委、太湖局、水规总院、综合局、建安中心、灌排中心、发研中心	1358.63
7	三峡后续工作长江中下游影响处理河道观测（宜昌至湖口）实施方案	长江委	600
8	大中型水库移民后期扶持政策实施效果阶段性评估（2006~2021年）	部机关	700
二、单位整体支出			
1	淮委淮河流域水土保持监测中心站整体支出	淮委淮河流域水土保持监测中心站	1346.99
2	珠委珠江流域水土保持监测中心站整体支出	珠委珠江流域水土保持监测中心站	3691.83
合计			120337.47

注：水利部黄河水利委员会简称"黄委"、水利部长江水利委员会简称"长江委"、水利部淮河水利委员会简称"淮委"、水利部海河水利委员会简称"海委"、水利部松辽水利委员会简称"松辽委"、水利部珠江水利委员会简称"珠委"、水利部太湖流域管理局简称"太湖局"、水利部信息中心简称"信息中心"、水利部水土保持司简称"部机关"、水利部水利水电规划设计总院简称"水规总院"、综合事业管理局简称"综合局"、国际泥沙研究培训中心简称"泥沙中心"、中国水利水电科学研究院简称"水科院"、水利部河湖保护中心简称"河湖中心"、水利部发展研究中心简称"发研中心"、水利部建设管理与质量安全中心简称"建安中心"、水利部宣传教育中心简称"宣教中心"、水利部南水北调规划设计管理局简称"调水局"、水利部水资源管理中心简称"水资源中心"、水利部中国灌溉排水发展中心简称"灌排中心"、南京水利科学研究院简称"南科院"。

二、主要做法

预算中心坚持系统思维，坚持守正创新，坚持目标导向与问题导向相结合，着力推进预算和绩效管理一体化，强化预算绩效管理培训，按照"前期开展培训—拟定工作方案—制定评价标准—组织单位自评—第三方机构复评—专家组重点抽评"的工作流程，对绩效实现情况进行全面评价，挖掘绩效亮点，查找存在问题，提出意见和建议，为推进评价结果公开、结果运用和改进工作、提质增效夯实基础。主要做法如下：

1. 提前谋划，稳步推进预算和绩效管理一体化

预算中心立足实际，在调查研究基础上，根据预算和绩效管理一体化现状及存在的困难和问题，编制推进预算和绩效管理一体化工作方案，召开工作推进座谈会，广泛征求意见，构建预算和预算绩效管理同步申报、同步下达、同步执行、同步监控、同步考核的"五同步"工作机制，推进了绩效管理标准化体系建设，从源头上夯实绩效评价工作基础。

2. 高度重视，多角度多维度开展绩效管理培训

预算中心2022年11月举办了为期3天的绩效管理线上培训班，培训人员最高达到300人，学员不仅包括财务人员，也包括业务人员，邀请财政部、审计署、水利部等的领导、专家授课，不仅有形势分析、政策解读、理论讲解，还结合实际开展水利重点业务讲解、软件操作说明等，同时还留出时间互动交流、研讨发言，分享经验做法，咨询疑点难点。集中业务培训拓宽了绩效管理从业人员的视野，全方位提升了其能力和素养。

3. 统一要求，明确评价标准和方式方法

预算中心起草《水利部财务司关于开展2022年度重点项目及单位整体支出绩效评价工作的通知》（代拟稿），明确了此次绩效评价工作的目的、评价对象、评价依据、评价内容、评价方法、时间安排和工作要求，确保绩效评价工作顺利有序开展；制定预算中心复核评价工作方案，规范

第三方机构复核、专家组抽评以及汇总报告的方式、要求、标准、格式文书等，明确各方责任及时间节点，进一步保障绩效评价工作序时完成；印发绩效评价指标体系及评分说明，设定评价指标，明确评分标准，经财政部评审中心及业务主管司局领导、专家审议修改后，作为二级预算单位开展绩效评价工作、第三方机构现场复核及专家组抽评的统一打分依据，提升绩效评价工作的标准化、规范化水平。

4. 上下联动，统筹推进项目单位绩效自评

二级预算单位高度重视，财务部门和业务部门通力协作，项目负责人及时收集、整理绩效佐证材料，按照方案确定的工作内容和时间要求，根据绩效评价指标体系及评分说明，基于项目实施或单位履职实际情况，进行绩效自评价，形成绩效自评价报告及自评打分结果。自评过程中，预算中心进行节点跟踪、政策宣贯、答疑解惑，及时为项目单位提供专业技术支撑服务。

5. 创新探索，业务司局参与开展专家抽评

针对重点项目和评价结果有差异的项目，财务司及预算中心领导带队、业务司局选派代表、邀请行业专家，共同组建复核评价工作组，通过实地调研、现场复核等方式，对黄委、淮委、海委、松辽委、珠委以及太湖局6家单位的水土保持业务、水文测报、水利工程运行管理、水资源管理4个一级项目和淮河水利委员会淮河流域水土保持监测中心站、珠江水利委员会珠江流域水土保持监测中心站2家单位整体支出开展现场抽评。现场抽评实施"五步工作法"：一是听取自评价情况及第三方复核情况汇报；二是查核资料和核对指标；三是座谈调查、质询答疑；四是充分讨论形成复核评价意见；五是沟通反馈并促进问题整改。本次绩效复核评价工作，共出具13份签证单、13份复核评价意见，从"决策""过程""产出""效益"四个维度发现了六个方面的问题，并提出了有针对性和可操作性的意见和建议。

三、评价结论

2022年度水利部重点项目及单位整体支出绩效复核情况表明：项目实施单位及整体支出试点单位组织机构健全，制度完善，管理规范；项目立项依据充分，绩效目标指标设置较为合理；项目过程管理较为规范，资金安排和使用符合规定；按照项目申报书的工作内容和进度要求，完成各项工作任务，项目产出成果的数量、时效和质量均达到了绩效目标的要求；能紧紧围绕国家重大战略、新时期"十六字"治水思路、水利高质量发展重点任务等要求，完成项目确定的各项任务和目标，取得了较好的经济效益、社会效益和生态效益。重点项目及单位整体支出绩效评价结果得分均在90分以上，评价等级为"优"。重点项目及单位整体支出绩效复核评价结果见表4-2。

表4-2 水利部2022年度重点项目及单位整体支出绩效复核评价结果

序号	重点项目及单位整体支出	决策得分	过程得分	产出得分	效益得分	部门复核评价得分	评价等级
一、重点项目评价结果							
1	水土保持业务	19.61	19.31	29.9	28	96.82	优
2	水文测报	19.15	19.35	29.67	28	96.17	优
3	水利工程运行管理	19.2	19	29.8	27.2	95.2	优
4	三峡后续工作长江中下游影响处理河道观测（宜昌—湖口）	18.8	18.6	29.25	28	94.65	优
5	河湖管理及河湖长制	19.5	18.70	29.8	26.2	94.2	优
6	水利建设管理	18.8	19.2	27.8	28.16	93.96	优
7	大中型水库移民后期扶持政策实施效果阶段性评估（2006~2021年）	18.3	18.63	30	27	93.93	优
8	水资源管理	18.3	17.66	28.24	27	91.2	优

续表

序号	重点项目及单位整体支出	决策得分	过程得分	产出得分	效益得分	部门复核评价得分	评价等级
二、单位整体支出绩效评价结果							
1	珠委珠江流域水土保持监测中心站整体支出	11.90	18.06	40.00	25.00	94.96	优
2	淮委淮河流域水土保持监测中心站整体支出	14.8	16.00	40.00	23.00	93.80	优

第三节　推进水利预算项目支出绩效评价标准化面临的困境

近年来，尽管水利部部门预算绩效管理工作取得较好成效，并且2020年在财政部组织的部门整体绩效评价中获得"优"等级，成为唯一获此等级的中央部门，2021年水利部部门预算绩效管理工作再次荣获"优"等级，但水利预算项目支出绩效评价标准化的进程依旧较慢，尚未建立具有水利特色的预算项目支出绩效评价标准化体系，与党中央、国务院和财政部关于绩效管理工作的高要求还有一定差距，主要表现在以下方面：

1. 个别单位绩效自评价质量有待提升

由于个别基层单位未将绩效管理意识融入项目管理的具体工作中，未形成随时收集整理佐证材料的意识，有的财务部门和业务部门之间的工作衔接还有差距。个别单位个别项目绩效自评价报告质量不高，相关支撑材料收集整理不规范，基层单位绩效评价管理工作有待进一步加强和规范。

2. 个别单位预算编制缺乏预见性

由于没有严格执行预算科目应有的刚性约束，因此相关经济分类科目出现了不同程度的超支情况。《水利工程维修养护定额》等预算编制依据是中国特色社会主义法律体系中重要的法律之一，在我国社会经济发展过程中发挥着重要作用。我国各项财政项目支出都需要遵循该法律，其是财政领域的基本法律。《预算法》立法宗旨体现的是国家本位思想，强调预算作为一种国家治理工具对国家的重要性，目的在于突出政府对预算的管理，实现政府对经济的调控作用，增强政府预算行为的规范性。从根本上来讲，《预算法》是伴随着我国财政体制的健全和社会经济的发展而不断完善的，是规范预算行为、提高预算管理科学化和标准化水平的重要参考，更是全面推进依法治国和提高国家治理体系和治理能力现代化的重要保障。

1994年3月22日，在第八届全国人民代表大会第二次会议上通过的《预算法》是我国第一部有关预算的法律，后来经过2014年和2018年两次修正，才形成截至目前最新版的《预算法》。该法律由总则、预算管理职权、预算收支范围、预算编制、预算审查和批准、预算执行、预算调整、决算、监督、法律责任和附则共十一章组成。其中，有关预算绩效管理的内容如下：第十二条"各级预算应当遵循统筹兼顾、勤俭节约、量力而行、讲求绩效和收支平衡的原则"；第三十二条"各部门、各单位应当按照国务院财政部门制定的政府收支分类科目、预算支出标准和要求，以及绩效目标管理等预算编制规定，根据其依法履行职能和事业发展的需要以及存量资产情况，编制本部门、本单位预算草案"；第四十九条"对执行年度预算、改进预算管理、提高预算绩效、加强预算监督等提出意见和建议"；第五十七条"各级政府、各部门、各单位应当对预算支出情况开展绩效评价"。可以说，新修订的《预算法》对预算绩效管理提出了总要求，使预算管理更加科学化和法治化。随后，2020年8月3日，国务院公布修订后的《中华人民共和国预算法实施条例》，对于规范政府收支行为、强化预算约束以及建立健全全面规范、公开透明的预算制度具有重要意义。这有利于《预算法》的各项规定落实到预算管理的各领域、全过程；有利于坚持依法行政、依法理财，全面推进财政法治建设；有利于坚持问题导向，持续深化预算管理制度改革。

2. 《中共中央　国务院关于全面实施预算绩效管理的意见》

2018年9月1日，中共中央、国务院印发了《中共中央　国务院关于全面实施预算绩效管理的意见》（以下简称《意见》），这是党中央、国务院对全面实施预算绩效管理作出的顶层设计和重大部署，对于深化预算管理制度改革、推进国家治理体系和治理能力现代化具有重要意义。

其实，针对本书所研究的水利预算项目支出绩效评价标准化而言，最为创新之处在于，提出了建立多层次绩效评价体系。《意见》明确提出，各部门各单位对预算执行情况以及政策、项目实施效果开展绩效自评，评价结果报送本级财政部门。各级财政部门建立重大政策、项目预算绩效评价机制，逐步开展部门整体绩效评价，对下级政府财政运行情况实施综合绩效评价，必要时可以引入第三方机构参与绩效评价。通过建立绩效自评和外部评价相结合的多层次绩效评价体系，不仅能够落实部门和资金使用单位的预算绩效管理主体责任，推动提高预算绩效管理水平，而且能够全方位、多维度反映财政资金使用绩效和政策实施效果，促进提高财政资源配置效率和使用效益，使预算安排和政策更好地贯彻落实党中央、国务院重大方针政策和决策部署。

3. 《水利部关于贯彻落实〈中共中央　国务院关于全面实施预算绩效管理的意见〉的实施意见》

2018年12月25日，水利部印发《水利部关于贯彻落实〈中共中央　国务院关于全面实施预算绩效管理的意见〉的实施意见》（以下简称《实施意见》），并且确定了工作目标，力争用3年左右的时间，形成部党组统一领导，预算绩效管理部门、业务主管部门密切配合，全行业广泛参与的绩效管理格局。《实施意见》明确了时间表和路线图，要求预算绩效管理加速实现从"过程管理"到"效果管理"、从"事后考评"到"事前设定绩效评估、事中实施绩效监控、事后进行绩效评价"的全过程绩效管理的转变。对于水利预算绩效管理，要坚持新发展理念，践行中央治水新方针，建设全方位、全过程、全覆盖的水利预算绩效管理体系，将绩效理念、原则、方法融入预算和政策管理的全过程，创新管理方式，注重成本效益，关注支出效果，硬化责任约束，提高资金使用效益，主动适应治水管水矛盾新变化，确保财政预算资金聚焦"水利工程补短板、水利行业强监管"，聚焦水利部党组确定的中心工作、重大任务和政策措施，提高水利资金管理水平和政策实施效果，为水利改革发展提供有力保障。

《实施意见》对水利预算项目支出绩效评价标准化最为直接的规定在于"工作任务"中的第七条"全面实施绩效评价"，要求：①构建多层次评价体系。实现中央水利预算资金绩效自评价全覆盖，合理设置自评指标权重，对预算执行情况和绩效目标实现程度进行量化打分。扩大单位整体支出绩效评价范围，逐步探索部门整体支出绩效评价的方式、评价重点和主要内容，提高部门履职效能和公共服务供给质量。着力推进涉及重大支出的水利规划和支出政策的绩效评价。②拓展绩效评价方式。各地各单位要结合年度评价，对实施期超过一年的重大政策和项目实行全周期绩效评价。对影响范围广或效益发挥周期长的重大项目，探索在项目完成后一定时期内开展跟踪评价。稳步开展对政府购买服务项目的绩效评价。在绩效评价组织实施时，可引导和规范第三方机构参与绩效评价工作，通过引入外部力量参与评价，确保绩效评价结果客观公正、全面有效。③创新评估评价方法。各地各单位要加快预算绩效管理信息化建设，打破"信息孤岛"和"数据烟囱"，充分利用现代信息技术收集整理绩效评价的基础数据，依托大数据开展信息技术分析，运用成本效益分析法、比较法、因素分析法、公众评判法、标杆管理法等，切实提高绩效评价的科学性、客观性和准确性。

4.《水利部部门预算绩效管理工作考核暂行办法》

2022年1月1日，根据《中共中央 国务院关于全面实施预算绩效管理的意见》和《水利部部门预算绩效管理暂行办法》等相关文件规定，水利部印发《水利部部门预算绩效管理工作考核暂行办法》。该办法明确，部门预算绩效管理工作考核实行百分制，其中基础工作12分、目标管理15分、质量控制45分、结果应用18分、工作推进10分；部门预算绩效管理工作实行年度考核制并强化结果应用。对于结果应用，上述办法明确，实行预算绩效管理工作考核通报制度。预算绩效管理工作考核完成后，水利部通报考核结果；预算绩效管理工作考核结果与二级预算单位的预算安排挂钩；各二级预算单位绩效评价等级为"差"且整改不到位的项目，原则上下一年不再安排该项目的预算，为"中"且整改不到位的项目，根据情况适当调减项目预算；水利部对考核结果靠前的二级预算单位通过适当方式给予表扬和激励。

水利部部门预算绩效考核分值构成如下：①基础工作（12分）。包括二级预算单位落实全面实施预算绩效管理的组织保障、制度建设、指标体系建设、宣传培训4个方面。②目标管理（15分）。包括二级预算单位预算绩效管理的报送时效和覆盖范围2个方面。③质量控制（45分）。包括绩效目标、监控、自评质量以及查出问题情况4个方面。占分最高的这部分中，绩效目标质量（10分），包括绩效目标完整性（2分）、绩效目标合理性（4分）、绩效指标设置情况（4分）；绩效监控质量（7分），包括监控报告规范性情况（3分）、监控结果及整改情况（4分）；绩效自评质量（8分），包括自评报告规范性情况（2分）、自评结果真实性情况（4分）、绩效自评结果与目标偏离情况（2分）。按照二级项目绩效自评结果未发生严重偏离的项目数量占项目总数的比例计算，检查发现绩效问题情况（20分），包括预算执行情况（4分）、项目支出结转情况（2分）。二级项目结转资金占该项目年度预算金额30%以上的，发现1个扣2分，预计结转资金准确率情况（2分），财政评审情况（2分），审计发现绩效问题情况（5分），其他检查查出问题情况（5分）。④结果应用（18分）。包括二级预算单位绩效评价结果、问题整改情况及应用方式3个方面。⑤工作推进（10分）。包括二级预算单位绩效管理过程中的信息报送、工作创新2个方面。

5.《中华人民共和国标准化法》

《中华人民共和国标准化法》由1988年12月29日第七届全国人民代表大会常务委员会第五次会议通过，并由2017年11月4日第十二届全国人民代表大会常务委员会第三十次会议修订。该法由总则、标准的制定、标准的实施、监督管理、法律责任和附则六章组成。其核心内容规定了立法宗旨、标准的分类、标准的制定、标准的实施、对标准的监督管理和法律责任等，是调整制定标准、实施标准及对标准制定和实施进行监督过程中标准化行政主管部门和有关行政主管部门、社会团体、企业、标准化专业技术委员会、消费者等之间关系的一部经济类法律。

由此来看，水利预算项目支出绩效评价标准化的制定也应该在《中华人民共和国标准化法》的指导下，对相关工作流程和工作细节做出更加明确的规定，以更加有效提升水利预算项目的支出效率。《中华人民共和国标准化法》中明确，标准包括国家标准、行业标准、地方标准和团体标准、企业标准。国家标准分为强制性标准、推荐性标准，行业标准、地方标准是推荐性标准。因此，水利预算项目支出绩效评价的标准化既属于水利部推出的国家标准，也是行业标准。按照第五条规定，"国务院有关行政主管部门分工管理本部门、本行业的标准化工作"。因此，水利部作为国务院重要组成部分，可以对本行业的相关工作制定相关的标准化流程。

6.《标准化工作导则 第1部分：标准化文件的结构和起草规则》（GB/T 1.1—2020）

于2020年3月31日发布、2020年10月1日实施，由国家市场监督管理总局和国家标准化管理委员会联合发布的《标准化工作导则 第1部分：标准化文件的结构和起草规则》（GB/T 1.1—2020）对标准化和相关活动的通用术语等相关内容作出了规定。其中，规定了"标准化"是为了建立最佳秩序、促进共同效益而开展的制定并应用标准的活动。而"标准"是指通过标准化活动，按照规定的程序经协商一致制定，为各种活动或其结果提供规则、指南或特性，供共同使用和重复使用的文件。标准宜以科学、技术和经验的综合成果为基础。规定的程序指制定标准的机构颁布的标准制定程度。诸如国际标准、区域标准、国家标准等，由于它们可以公开获得以及必要时通过修正或修订保持与最新技术水平同步，因此它们被视为构成了公认的技术规则。"国家标准化"是在国家层次上进行的标准化。标准化的目的在于可以有一个或更多特定目的，以使产品、过程或服务适合其用途。这些目的可能包括但不限于品种控制、可用性、兼容性、互换性、健康、安全、环境保护、产品防护、相互理解、经济绩效、贸易。

水利预算项目支出绩效评价标准化的研究要根据国家已有的对标准化的定义和界定范围进行探索，只有符合相应的规程，才能够发挥应有的作用。这其中不仅包含了水利预算项目支出绩效评价标准化的起草过程，还包括了在标准化制定过程中，对于语言、用词、范围等的科学使用。

二、推进绩效评价标准化坚持的原则

1. 坚持党的统一领导

中国共产党领导是中国特色社会主义最本质的特征，是中国特色社会主义制度的最大优势。党的二十大报告强调，坚决维护党中央权威和集中统一领导，把党的领导落实到党和国家事业各领域各方面各环节，使党始终成为风雨来袭时全体人民最可靠的主心骨，确保我国社会主义现代化建设正确方向，确保拥有团结奋斗的强大政治凝聚力、发展自信心，集聚起万众一心、共克时艰的磅礴力量。无论是革命战争时期，还是社会主义现代化建设时期，始终坚持党的统一领导是保障我国社会经济发展、人民生活幸福安康的根本所在。坚持党的集中统一领导作为我国国家制度和国家治理体系的显著优势，是基于对历史经验的深刻总结得出的科学结论，也是被长期发展实践反复证明的科学结论。

推进水利预算项目支出绩效管理，首要的和根本的任务在于坚持党的集中统一领导，不断提高政治判断力、政治领悟力、政治执行力，把党的领导贯彻到健全现代预算制度全过程，确保预算制度安排体现党中央战略意图，更好发挥财政在国家治理中的基础和重要支柱作用。推进绩效评价标准化，也必须要在党的全面统一领导下，推进各项事业有序健康发展。

2. 坚持以服务水利高质量发展为主线

《中共中央关于制定国民经济和社会发展第十四个五年规划和二〇三五年远景目标的建议》（以下简称《建议》）为今后5年乃至更长时期我国经济社会发展提供了科学指南和基本遵循。《建议》从推动经济体系优化升级、构建新发展格局、建设平安中国的战略高度，明确提出了"十四五"时期水利工程建设的目标任务，要求加强水利基础设施建设，提升水资源优化配置和水旱灾害防御能力；实施国家水网工程，推进重大引调水、防洪减灾等一批重大项目建设；加快江河控制性工程建设，加快病险水库除险加固，全面推进堤防和蓄滞洪区建设；等等。这充分体现了以习近平同志为核心的党中央对水利工作的高度重视，凸显了水利的公益性、基础性、战略性。可以很明确地认为，"十四五"时期，我国水利工作将紧扣新发展阶段、新发展理念、新发展格局，深入贯彻落实"十六字"治水思路，坚持深化改革、强化创新、系统推进，服务水利高质量发展，更好满足人民群众对美好生活的向往。新发展阶段，我国水利要实现高质量发展，就必然要做好预算绩效管理工作，以更好地提升水利发展资金使用效率，保障水利健康有序发展。

推进水利预算项目支出绩效评价标准化工作，意在保障水利预算绩效管理更加高效、更加科学，进一步提高财政资金使用效益，优化水利公共资源配置，提升水利公共服务水平。目前，水利部预算绩效管理工作以对重点项目和单位整体支出绩效评价为带动，全面实施绩效目标管理、绩效监控、绩效自评等各项工作，绩效管理初步实现全范围覆盖，但绩效管理深度仍有待于不断深化，绩效信息的应用也相对落后，部门对绩效管理的重视程度参差不齐。一些单位对当前经济财政形势认识不足，没有做好过紧日子的准备，绩效管理观念薄弱，责任和效率意识不强，仍存在"重分配、轻管理，重投入、轻产出"的思维，财政支出结构固化问题还比较突出，一些低效、无效支出仍然存在，公共服务水平和效率都有待提高。这其中最主要的一个原因在于尚未提出可供参考的绩效评价标准化流程。因此，推进水利预算项目支出绩效评价标准化工作，是服务水利高质量发展的前提条件之一。

3. 坚持统筹发展和安全

党的二十大报告中明确提出,"以新安全格局保障新发展格局",这标志着中国共产党"统筹发展和安全"的国家治理进入新阶段。安全和发展是一体之两翼、驱动之双轮。党的十八大以来,以习近平同志为核心的党中央站在统筹中华民族伟大复兴战略全局和世界百年未有之大变局的高度,统筹国内国际两个大局、发展安全两件大事,团结带领全党全军全国各族人民有效应对严峻、复杂的国际形势和接踵而至的巨大风险挑战,创造了新时代中国特色社会主义的伟大成就。

推进水利预算项目支出绩效评价标准化工作,既是建立现代预算制度的重要组成部分,又是深刻把握我国经济社会发展面临的复杂性和艰巨性,牢固树立底线思维,平衡好促发展和防风险关系的必然选择。水利是经济社会发展的基础性行业,是党和国家事业发展大局的重要组成。水利事关战略全局、事关长远发展、事关人民福祉。统筹发展和安全意识更加强烈,对水利发展提出了更高要求。这不仅仅是对水安全的要求,更重要的是,对于财政预算而言,保障财政预算安全,提高使用效率,也是统筹安全与发展的重要体现。

4. 坚持系统观念和问题导向

系统观念是马克思主义认识论和方法论的重要范畴,是基础性的思想方法和工作方法。水利部流域管理机构、基层预算单位较多,项目层级复杂,评价工作量、工作难度相应增加,为保障圆满完成绩效评价工作,需要多方位、全系统考虑预算项目支出绩效管理工作,各级预算单位充分沟通,才能形成工作合力。

针对水利预算项目支出绩效管理在执行过程中存在的绩效目标成本指标"虚化",质量指标、效益指标与公共服务标准衔接"散化",成本效益理念在预算安排中作用发挥"软化"等问题,需要进一步坚持问题导向。为进一步提升绩效评价工作标准化程度,确保绩效评价结果的客观性、科学性,水利预算项目支出绩效管理需要一把尺子量到底,在自评材料初审、第三方复核及专家组重点抽评、汇总打捆等环节，统一明确方式、标准、要求，采用1+N汇总底稿、《绩效自评价报告质量审核表》、《绩效评价复核评分表》、《复核评价专家工作底稿》、《复核评价签证单》、《复核评价意见》等一系列标准化、规范化格式文书，评价得分按照印发的绩效评价指标体系及评分说明复核评分，严格评价程序、明确扣分依据、细化评分尺度，保障评价结论横向可比、有据可依、有数可查。

第二节　水利预算项目支出绩效评价标准化内容

一、单位预算项目绩效自评

为进一步提高水利预算项目支出绩效评价的针对性和可操作性，在遵循《水利部财务司关于部门试点项目绩效评价工作的通知》等框架下，结合各预算单位特点，由各预算单位开展整体支出自评价工作。通过成立绩效自评工作小组，围绕绩效指标，收集与支出相关的决策、过程、产出、效益材料（见附表A），查阅相关内容，确保材料的可靠性和相关材料对绩效报告支撑的充分性、必要性，认真梳理绩效目标完成情况，归纳、总结为实现绩效目标采取的各项工作措施，依照水利部下发的单位整体支出绩效评价指标体系及评分标准按照百分制逐项打分，形成该项目自评价报告。

单位预算项目绩效自评包括决策部分、过程部分、产出部分和效益部分四个维度。在进行项目绩效评价时，各单位可根据自身情况、项目的实际情况对三级指标选择使用，分值有变化的，在保证上一级指标总分值不变的情况下，根据重要性原则自行调整赋分。产出、效益两部分三级指标均需根据上级批复的绩效目标表的内容相应调整指标内容；调整后的指标根据重要性原则由各单位在保证二级指标分值不变的基础上自行赋分。关于产出及效益指标未完成的例外情况：首先，由于指标内容及指标值设置不合理导致的未完成情况，如果工作正常完成，不影响项目整体目标实现，不涉及预算金额的调整，可由项目单位出具说明，专家可减少产出及效益部分的扣分（酌情打分），但是在决策部分的三级指标"绩效目标合规性"中适当扣分。其次，如遇不可抗力或其他合理原因导致的指标未完成，理由充分且项目单位采取了有效的应对措施，可由项目单位出具说明，专家减少扣分或酌情打分。

具体而言，决策部分由项目立项、绩效目标、资金投入3项二级指标，立项依据充分性、立项程序规范性、绩效目标合理性、绩效指标明确性、预算编制科学性、资金分配合理性6项三级指标构成。过程部分由资金管理、组织实施2项二级指标，资金到位率、预算执行率、资金使用合规性、管理制度健全性、制度执行有效性5项三级指标构成。产出部分由产出数量、产出质量、产出时效、产出成本4项二级指标构成，三级指标的设置可根据各预算单位的具体情况进行界定。效益部分由社会效益、经济效益、生态效益、可持续影响、社会公众或服务对象对项目实施效果的满意程度5项二级指标构成，三级指标的设置同样可根据各预算单位的具体情况进行界定。

二、部门预算项目复核评价

为确保评价结论客观、公正，评价数据结果准确，委托第三方机构进行复核评价。依据《项目支出绩效评价管理办法》《中央级公益性科研院所基本科研业务费专项资金管理办法》等规章制度，通过查阅项目单位提交的相关资料，开展现场座谈调查，逐项进行对照分析，对总体绩效进行复核评价。部门复核评价的主要内容为：依据各二级预算单位提交的绩效自评价情况，与年度绩效目标进行对比，分析项目绩效实现情况；针对部分延续性、经常性项目，采用历史对比法，充分挖掘绩效，发现不足；对项目效益指标和服务对象满意度指标，采取深度访谈等方法得出评价结论。第三方机构在评价工作中的具体流程如下：

1. 制定复核评价工作方案

按照水利部复核评价总体工作部署与安排，第三方机构在明确评价任务、评价要求、时间节点等基础上，成立评价工作组，制定复核评价工作方案，明确组织实施、质量要求、进度安排及保障措施等。

2. 审核绩效自评材料

第三方机构从报告质量、评价结论客观性、分析建议等方面对各预算单位提交的绩效自评价报告进行审查，出具绩效自评价报告质量审核表；对各二级单位绩效自评结果进行打捆汇总，形成一级或二级项目绩效指标完成情况打捆汇总表，比对年初设定的绩效目标，校核指标实际完成情况及对应佐证材料，对数据不一致情况与相关单位进行沟通核实。

3. 开展现场复核

在内业审核基础上，第三方机构按照水利部统一安排，选取重点单位、重点项目开展现场复核，查阅项目档案材料和财务凭证，与项目负责人现场座谈沟通，查看相关佐证材料，进一步核实年度绩效目标完成情况。

4. 出具复核评价得分

第三方机构根据资料审查、现场复核及电话、邮件等非现场复核情况，形成第三方机构复核评价得分，与各单位自评得分进行比对，并说明存在差异的原因，总结存在的问题，并提出下一步改进建议。

5. 配合开展专家抽查及打捆绩效评价报告编写

按照水利部统一安排，配合开展专家现场抽查工作，现场向与会司局代表及专家汇报复核情况。根据专家抽查结论，协助修改完善打捆绩效评价报告。

部门预算项目的复核评价要始终坚持"问题导向、目标导向、结果导向"的原则，采用"五步工作法"：一是听取自评价情况汇报；二是查核资料和核对指标；三是座谈调查和听取意见建议；四是充分讨论形成复核评价意见；五是沟通反馈并促进问题整改。

第三节 预算项目支出绩效评价指标

一、共性指标

本书以水利部重点项目及试点单位整体支出绩效评价指标体系为依据，从重点项目（水文测报、水土保持业务、水行政执法监督、水利工程运行管理、水资源节约、水资源调度、水利政策研究、长江中游荆江河段崩岸巡查、监测及预警技术研究、三峡水库库区及中下游重点水域监管工作）和单位整体（淮河水利委员会淮河流域水土保持监测中心站、珠江流域水土保持监测中心站）中选取了共性明细指标。

(一) 重点项目绩效评价的共性指标

1. 决策部分（一级指标）
(1) 项目立项（二级指标）。
第一，立项依据充分性（三级指标）。
"立项依据充分性"指标重点考核项目立项是否符合法律法规、相关政策、发展规划、部门职责以及党中央、国务院重大决策部署，用以反映和考核项目立项依据情况。

评价要点：①项目立项是否符合国家法律法规、国民经济发展规划、行业发展规划以及相关政策要求；②项目立项是否符合党中央、国务院重大决策部署；③项目立项是否与部门职责范围相符，是否属于部门履职所需；④项目是否属于公共财政支持范围，是否符合中央事权支出责任划分原则；⑤项目是否与相关部门同类项目或部门内部相关项目重复。

评价标准：评价要点①~④标准分各1分，符合评价要点要求的得[0.8~1]分，较符合评价要点要求的得[0.6~0.8)分，不够符合评价要

点要求的得 [0~0.6] 分。评价要点⑤标准分 1 分，项目与相关部门同类项目或部门内部相关项目无交叉重叠的得 1 分，项目与相关部门同类项目或部门内部相关项目存在交叉重叠的得 0 分。

第二，立项程序规范性（三级指标）。

"立项程序规范性"指标重点考核项目申请、设立过程是否符合相关要求，用以反映和考核项目立项的规范情况。

评价要点：①项目是否按照规定的程序申请设立；②审批文件、材料是否符合相关要求；③事前是否已经过必要的可行性研究、专家论证、风险评估、绩效评估、集体决策。

评价标准：评价要点①②标准分各 1 分，符合评价要点要求的得 [0.8~1] 分，较符合评价要点要求的得 [0.6~0.8] 分，不够符合评价要点要求的得 [0~0.6] 分。评价要点③标准分 3 分，事前必要程序规范的得 [2.4~3] 分，事前必要程序较规范的得 [1.8~2.4] 分，事前必要程序不够规范的得 [0~1.8] 分。

（2）绩效目标（二级指标）。

第一，绩效目标合理性（三级指标）。

"绩效目标合理性"指标重点考核项目所设定的绩效目标是否依据充分，是否符合客观实际，用以反映和考核项目绩效目标与项目实施的相符情况。

评价要点：①项目是否有绩效目标；②项目绩效目标与实际工作内容是否具有相关性；③项目预期产出和效果是否符合正常的业绩水平；④是否与部门履职和社会发展需要相匹配。

评价标准：评价要点①为否定性要点，无标准分，但项目立项时未设定绩效目标或可考核的其他工作任务目标，无须关注其他评价要点，本条指标不得分。评价要点②~④标准分各 1 分，符合评价要点要求的得 [0.8~1] 分，较符合评价要点要求的得 [0.6~0.8] 分，不够符合评价要点要求的得 [0~0.6] 分。

第二，绩效指标明确性（三级指标）。

第五章 推进我国水利预算项目支出绩效评价标准化的制度构建

"绩效指标明确性"指标重点考核依据绩效目标设定的绩效指标是否清晰、细化、可衡量等,用以反映和考核项目绩效目标的明细化情况。

评价要点:①是否将项目绩效目标细化分解为具体的绩效指标;②是否通过清晰、可衡量的指标值予以体现;③是否与项目目标任务数或计划数相对应。

评价标准:评价要点①标准分 1 分,将项目绩效目标细化分解为具体的绩效指标得 1 分,未将项目绩效目标细化分解为具体的绩效指标得 0 分。评价要点②③标准分共 1 分,符合评价要点要求的得 [0.8~1] 分,较符合评价要点要求的得 [0.6~0.8) 分,不够符合评价要点要求的得 [0~0.6) 分。

(3) 资金投入(二级指标)。

第一,预算编制科学性(三级指标)。

"预算编制科学性"指标重点考核项目预算编制是否经过科学论证、有明确标准,资金额度与年度目标是否相适应,用以反映和考核项目预算编制的科学性、合理性情况。

评价要点:①预算编制是否经过科学论证;②预算内容与项目内容是否匹配;③预算额度测算依据是否充分,是否按照标准编制;④预算确定的项目投资额或资金量是否与工作任务相匹配。

评价标准:评价要点①~④共计 3 分,根据评价要点总体赋分,符合评价要点要求的得 [2.4~3] 分,较符合评价要点要求的得 [1.8~2.4) 分,不够符合评价要点要求的得 [0~1.8) 分。

第二,资金分配合理性(三级指标)。

"资金分配合理性"指标重点考核项目预算资金分配是否有测算依据,与项目单位实际是否相适应,用以反映和考核项目预算资金分配的科学性、合理性情况。

评价要点:①预算资金分配依据是否充分;②资金分配额度是否合理,是否按照相关资金管理办法分配,与项目单位实际是否相适应。

评价标准:评价要点①②标准分各 1 分,符合评价要点要求的得

[0.8~1]分，较符合评价要点要求的得[0.6~0.8)分，不够符合评价要点要求的得[0~0.6)分。

2. 过程部分（一级指标）

（1）资金管理（二级指标）。

第一，资金到位率（三级指标）。

"资金到位率"指标重点考核实际到位资金与预算资金的比率，用以反映和考核资金落实情况对项目实施的总体保障程度。资金到位率=实际到位资金/预算资金×100%。实际到位资金指一定时期（本年度或项目期）内落实到具体项目的资金。预算资金指一定时期（本年度或项目期）内预算安排到具体项目的资金。

评价要点：资金到位是否足额。

评价标准：得分=资金到位率×2分，超过2分的按2分计。

第二，预算执行率（三级指标）。

"预算执行率"指标重点考核项目预算资金是否按照计划执行，用以反映和考核项目预算执行情况。预算执行率=实际支出资金/实际到位资金×100%。实际支出资金指一定时期（本年度或项目期）内项目实际拨付的资金。

评价要点：截至实施周期末资金实际支出比例情况。

评价标准：预算执行率≥60%，得分=预算执行率×4分，超过4分的按4分计；预算执行率<60%的不得分。

第三，资金使用合规性（三级指标）。

"资金使用合规性"指标重点考核项目资金使用是否符合相关的财务管理制度规定，用以反映和考核项目资金的规范运行情况。

评价要点：①是否符合国家财经法规和财务管理制度以及有关专项资金管理办法的规定；②资金的拨付是否有完整的审批程序和手续；③是否符合项目预算批复或合同规定的用途；④是否存在截留、挤占、挪用、虚列支出等情况。

评价标准：评价要点①~④标准分共4分，每出现1个与评价要点要求不符合的问题扣 1 分，扣完为止。

（2）组织实施（二级指标）。

第一，管理制度健全性（三级指标）。

"管理制度健全性"指标重点考核项目实施单位的财务和业务管理制度是否健全，用以反映和考核财务和业务管理制度对项目顺利实施的保障情况。

评价要点：①是否已制定或具有相应的财务和业务管理制度；②财务和业务管理制度是否合法、合规、完整。

评价标准：评价要点①标准分 2 分，项目实施单位制定或具有相应的财务和业务管理制度得［1.6~2］分，若具备财务或业务管理制度其中一种得［1.2~1.6）分，不具备财务和业务管理制度得［0~1.2）分。评价要点②标准分 3 分，符合评价要点要求的得［2.4~3］分，较符合评价要点要求的得［1.8~2.4）分，不够符合评价要点要求的得［0~1.8）分。

第二，制度执行有效性（三级指标）。

"制度执行有效性"指标重点考核项目实施是否符合相关管理规定，用以反映和考核相关管理制度的有效执行情况。

评价要点：①是否遵守相关法律法规和相关管理规定；②项目调整及支出调整手续是否完备；③项目合同书、验收报告、技术鉴定等资料是否齐全并及时归档；④项目实施的人员条件、场地设备、信息支撑等是否落实到位。

评价标准：评价要点①标准分 2 分，符合评价要点要求的得［1.6~2］分，较符合评价要点要求的得［1.2~1.6）分，不够符合评价要点要求的得［0~1.2）分。②~④标准分各 1 分，符合评价要点要求的得［0.8~1］分，较符合评价要点要求的得［0.6~0.8）分，不够符合评价要点要求的得［0~0.6）分。以上评价标准对于发现的同一问题不重复扣分。

3. 产出部分（一级指标）

（1）产出数量（二级指标）。

"产出数量"指标主要由各二级预算单位自行决定。"产出数量"指标重点考核项目各项产出的实际完成率，即项目实施的实际产出数与计划产出数的比率，用以反映和考核项目产出数量目标的实现程度。实际完成率=实际产出数/计划产出数×100%。实际产出数指一定时期（本年度或项目期）内项目实际产出的产品或提供的服务数量。计划产出数指项目绩效目标确定的在一定时期（本年度或项目期）内计划产出的产品或提供的服务数量。

评价要点：项目实施周期内各项产出完成情况。

（2）产出质量（二级指标）。

"产出质量"指标主要由各二级预算单位自行决定。"产出质量"指标用以反映和考核项目产出质量目标的实现程度。

评价要点：对照实际批复的绩效目标，对项目质量达标情况进行评价。

（3）产出时效（二级指标）。

"产出时效"指标重点考核项目实际完成时间与计划完成时间的比较，用以反映和考核项目产出时效目标的实现程度。实际完成时间指项目实施单位完成该项目实际所耗用的时间。计划完成时间指按照项目实施计划或相关规定完成该项目所需的时间。

评价要点：项目是否按计划进度完成各阶段工作任务。

（4）产出成本（二级指标）。

"产出成本"指标由各二级预算单位自行决定，重点考核完成项目计划工作目标是否采取了有效的措施节约成本。

评价要点：项目成本节约情况。

4. 效益部分（一级）

"效益"指标主要包括项目实施所产生的社会效益、经济效益、生态效益、可持续影响，以及社会公众或服务对象对项目实施效果的满意程度。其一般采取社会调查或访谈等方式。

评价要点：前4项指标评价项目实施效益的显著程度；后1项指标评价上级主管部门对项目实施的满意程度。

第五章 推进我国水利预算项目支出绩效评价标准化的制度构建

(二) 单位整体支出绩效评价共性指标

1. 决策部分（一级指标）

(1) 目标设定部分（二级指标）。

第一，绩效目标合理性（三级指标）。

"绩效目标合理性"指标包括3项四级指标："与国家法律法规、国民经济和社会发展总体规划相符性""与单位职责、'三定'方案确定的职责相符性""与年度工作任务的相符性，与现实需求的相符性"。

"与国家法律法规、国民经济和社会发展总体规划相符性"指标重点考核单位所设定的目标是否有国家的法律法规作为依据，是否符合国民经济和社会发展总体规划，结合实际情况酌情给分。

该指标评分标准为：完全符合的（有法律或规划依据且没有违反相关规定）得 [1.6~2] 分；较为符合的（有1项不符合法律或规划等依据，情况一般的）得 [1.2~1.6) 分；符合情况较差的（有2项以上不符合法律或规划等依据，情况较差的）得 [0~1.2) 分。

"与单位职责、'三定'方案确定的职责相符性"指标重点考核制定的目标是否同本单位的职责符合，是否符合国家关于"定岗、定编和定员"的规定。专家应综合分析绩效目标与项目单位的职能，评价单位当年工作是否属于单位职能范畴。

该指标评分标准为：完全符合的得 [1.6~2] 分；较为符合的得 [1.2~1.6) 分；符合情况较差的得 [0~1.2) 分。

"与年度工作任务的相符性，与现实需求的相符性"指标重点考核是否同本单位制定的本年度工作任务、中长期的规划符合，以及单位绩效目标是否符合实际需求。

该指标评分标准为：完全符合的得 [1.6~2] 分；较为符合的得 [1.2~1.6) 分；符合情况较差的得 [0~1.2) 分。

第二，绩效指标明确性（三级指标）。

"绩效指标明确性"指标包括2项四级指标："可细化、可衡量程度，年度的任务数或计划数明确性""与单位预算的匹配性"。

"可细化、可衡量程度，年度的任务数或计划数明确性"指标重点考核依据绩效目标设定的绩效指标是否清晰、细化、可衡量等，用以反映和考核项目绩效目标的明细化情况。

该指标评分标准为：绩效指标清晰、细化、量化、明确的得［1.6~2］分；绩效指标较为清晰、细化、量化、明确的得［1.2~1.6）分；绩效指标清晰、细化、量化、明确较差的得［0~1.2）分。

"与单位预算的匹配性"指标重点考核能否充分体现绩效目标、各绩效指标与关键目标值之间的关联度，是否与本单位的年度预算匹配，衡量指标是否与所能获得的资金相匹配，绩效指标涉及的工作内容与预算明细是否相符。

该指标评分标准为：完全匹配的得［1.6~2］分；较为匹配的得［1.2~1.6）分；匹配情况较差的得［0~1.2）分。

(2) 预算配置（二级指标）。

第一，在职人员控制率（三级指标）。

"在职人员控制率"指标包括"年度在职人员控制率"1项四级指标，重点考核单位在职人员是否超编，同时技术人员是否稳定也作为一项考核依据。在职人员控制率＝在职人员数/编制数×100%。其中，在职人员数是单位实际在职人数，以财政部确定的单位决算编制口径为准；编制数是机构编制单位核定批复的单位的人员编制数。技术人员稳定率＝本年度技术人员数/上年度技术人员数×100%。技术人员稳定率一般应不低于90%。

该指标评分标准为：年度在职人员控制率≤100%、技术人员稳定率≥90%的得［1.6~2］分；年度在职人员控制率≤100%、技术人员稳定率<90%的得［1.2~1.6）分；年度在职人员控制率>100%的得［0~1.2）分。

第二，"三公经费"变动率（三级指标）。

"'三公经费'变动率"指标包括"年度'三公经费'变动率"1项四级指标，是单位本年度"三公经费"预算数与上年度"三公经费"预算数的变动比率，用以反映和考核单位对控制重点行政成本的努力程度。"三公经费"变动率=(本年度"三公经费"总额-上年度"三公经费"总额)/上年度"三公经费"总额×100%。其中，"三公经费"是指年度预算安排的因公出国（境）费、公务车辆购置及运行费和公务招待费。

该指标评分标准为：年度"三公经费"变动率≤0%的得3分；年度"三公经费"变动率>0%，若无特殊情况，得0分，若存在特殊情况，可酌情赋分［0~3）分。

2. 过程部分（一级指标）

（1）预算执行（二级指标）。

第一，预算完成率（三级指标）。

"预算完成率"指标包括2项四级指标："财政资金预算完成率""其他资金预算完成率"。

"财政资金预算完成率"指标重点考核单位本年度基本支出、项目支出中中央财政资金预算完成数与预算数的比率，用以反映和考核单位财政资金基本支出、项目支出预算完成程度。

该指标评分标准为：财政资金预算完成率=100%的得1.5分；100%>财政资金预算完成率≥60%的，财政资金预算完成率每减少1%，扣标准值的2%，扣完为止；财政资金预算完成率<60%的不得分。

"其他资金预算完成率"指标重点考核单位本年度项目支出中其他财政资金预算完成数与预算数的比率，用以反映和考核单位其他资金预算完成程度。其他资金预算完成率=其他资金预算完成数/其他资金预算数×100%。其中，其他资金预算完成数是实际完成的其他资金数；其他资金预算数是财政部门批复的本年度单位其他资金预算数。

该指标评分标准为：其他资金预算完成率在［80%~130%）的得0.5分；其他资金预算完成率<80%或≥130%的得［0~0.5）分。

第二，预算调整率（三级指标）。

"预算调整率"指标包括"年度预算调整率"1项四级指标，是单位本年度预算调整数与预算数的比率，用以反映和考核单位预算的调整程度。此处预算调整数指单位在本年度内履行程序获得正式批复的情况，未经批准自行调整预算的本项不得分。预算调整率＝预算调整数/预算数×100%。其中，预算调整数是单位在本年度内涉及预算的追加、追减或结构调整的资金总和（因落实国家政策、发生不可抗力、上级部门或本级党委政府临时交办而产生的调整除外）。

该指标评分标准为：预算调整率≤10%的得1分；预算调整率每变动1%，扣0.1分，扣完为止；未经批准自行调整的得0分。

第三，支付进度率（三级指标）。

"支付进度率"指标包括"财政资金支付进度率"1项四级指标，是指单位实际支付进度与既定支付进度的比率，用以反映和考核单位预算执行的及时性和均衡性。支付进度率＝实际支付进度/既定支付进度×100%。其中，实际支付进度是单位在年底的支出预算执行总数与年度支出预算数的比率；既定支付进度是由单位在申报单位整体绩效目标时，参照序时支付进度（×月/12月）确定的，在年底应达到的支付进度（比率）。该项指标中支出预算执行数应扣除不合规的支付。

该指标评分标准为：年度支付进度率≥90%，且季度（或进度）支付符合序时的得［0.8~1］分；85%≤年度支付进度率<90%，且季度（或进度）支付较符合序时的得［0.6~0.8）分；年度支付进度率<85%或季度（或进度）支付不符合序时的得［0~0.6）分。

第四，结转结余变动率（三级指标）。

"结转结余变动率"指标重点考核单位本年度结转结余资金总额与上年度结转结余资金总额的变动比率，考核单位对控制结转结余资金的努力程度。结转结余变动率＝（本年度累计结转结余资金总额－上年度累计结转结余资金总额）/上年度累计结转结余资金总额×100%。其中，结转结余总额是单位本年度的结转资金与结余资金之和（以决算数为准）。该项指标计算时应扣除按正常进度跨年的项目。

该指标评分标准为：结转结余变动率≤0%的得［0.8~1］分；0%<结转结余变动率≤10%的得［0.6~0.8）分；结转结余变动率>10%的得

[0~0.6] 分。

第五，公用经费控制率（三级指标）。

"公用经费控制率"指标是单位本年度实际支出的公用经费总额与预算安排的公用经费总额的比率，用以反映和考核单位对机构运转成本的实际控制程度。公用经费控制率=实际支出公用经费总额/预算安排公用经费总额×100%。

该指标评分标准为：公用经费控制率在[80%~100%]的得1分；公用经费控制率>100%或<80%的得[0~1]分。

第六，"三公经费"控制率（三级指标）。

"'三公经费'控制率"指标是单位本年度"三公经费"实际支出数与预算安排数的比率，用以反映和考核单位对"三公经费"的实际控制程度。"三公经费"控制率="三公经费"实际支出数/"三公经费"预算安排数×100%。

该指标评分标准为："三公经费"控制率≤100%的得1分；"三公经费"控制率>100%的得0分。

第七，政府采购执行率（三级指标）。

"政府采购执行率"指标是单位本年度实际政府采购金额与年初政府采购预算的比率，用以反映和考核单位政府采购预算执行情况。政府采购执行率=实际政府采购事项（金额）/政府采购预算数×100%。其中，政府采购预算为采购机关根据事业发展计划和行政任务编制的，并经过规定程序批准的年度政府采购计划。

该指标评分标准为：政府采购执行率≥90%的得1分；政府采购执行率<90%的得0分。

(2) 预算管理（二级指标）。

第一，管理制度健全性（三级指标）。

"管理制度健全性"指标包括"制定或具有合法、合规、完整的管理制度"1项四级指标，重点考核单位为加强预算管理、规范财务行为和业务行为而制定的预算资金管理办法、内部财务管理制度、会计核算制度等管理制度，用以反映和考核单位预算管理制度对完成主要职责或促进事业发展的保障情况。

该指标评分标准为：制度合法、合规、完整的得［1.6~2］分；制度合法、合规但内容尚有缺漏的得［1.2~1.6）分；制度内容与相关法规有冲突的得 0 分。

第二，资金使用合规性（三级指标）。

"资金使用合规性"指标包括 2 项四级指标："资金使用的合规性""资金支出与预算批复的相符性"。

"资金使用的合规性"指标重点考核单位使用预算资金是否符合相关的预算财务管理制度的规定，资金拨付程序是否规范、手续是否齐全，用以反映和考核单位预算资金的规范运行情况。

该指标评分标准为：资金使用合规的得［1.6~2］分；资金使用较为合规的得［1.2~1.6）分；资金使用不够合规的得［0~1.2）分。根据检查发现的不合规的问题性质和频率进行判断，出现严重违规违纪的，不得分。

"资金支出与预算批复的相符性"指标重点考核单位资金支出是否符合预算批复资金使用范围、与预算批复是否一致，用以反映和考核预算支出与预算的相符性。

该指标评分标准为：资金支出与预算批复相符的得［1.6~2］分；资金支出与预算批复较为相符的得［1.2~1.6）分；资金支出与预算批复不够相符的得［0~1.2）分。根据检查发现的问题性质和频率进行判断。

第三，基础信息完善性（三级指标）。

"基础信息完善性"指标重点考核单位基础信息是否真实，是否存在虚假信息的情况，用以反映和考核基础信息的真实情况；单位基础信息是否完整、准确，重要信息是否缺失，用以反映和考核基础信息的真实、准确性情况。

该指标评分标准为：基础信息真实、完整、准确的得［0.8~1］分；基础信息较为完整、准确的得［0.6~0.8）分；存在虚假信息的，基础信息不够完整、准确的得[0~0.6]分。根据检查发现的问题性质和频率进行判断。

（3）资产管理（二级指标）。

第一，管理制度健全性（三级指标）。

"管理制度健全性"指标包括"制定或具有合法、合规、完整的资产管理制度"1项四级指标，重点考核单位为加强资产管理行为而制定的管理制度是否合法、合规、完整，用以反映和考核单位资产管理制度对完成主要职责或促进事业发展的保障情况。

该指标评分标准为：制度合法、合规、完整的得[0.8~1]分；制度合法、合规但内容不够完整的得[0.6~0.8]分；制度内容与相关法规有冲突的得[0~0.6]分。

第二，资产管理安全性（三级指标）。

"资产管理安全性"指标包括2项四级指标："资产配置、使用、处置的合规性""资产财务管理的合规性"。

"资产配置、使用、处置的合规性"指标重点考核单位的资产是否保存完整、使用合规、配置合理、处置规范，用以反映和考核单位资产日常使用的规范性。

该指标评分标准为：资产配置、使用、处置合规的得[0.8~1]分；资产配置、使用、处置较合规的得[0.6~0.8]分；资产配置、使用、处置存在违规情况的得[0~0.6]分。根据检查发现的问题性质和频率进行判断。

"资产财务管理的合规性"指标重点考核单位资产收入是否足额及时上缴，资产账实是否相符，用以反映和考核资产财务管理的合规性。

该指标评分标准为：资产财务管理合规的得[0.8~1]分；资产财务管理较合规的得[0.6~0.8]分；资产财务管理不够合规的得[0~0.6]分。根据检查（包括上级单位或政府部门安排的审计、检查等）发现的问题性质和频率进行判断。

第三，固定资产利用率（三级指标）。

"固定资产利用率"指标用以反映和考核单位固定资产使用效率程度。固定资产利用率＝实际在用固定资产/所有固定资产×100%。

该指标评分标准为：固定资产利用率≥95%的得［1.6～2］分；固定资产利用率<95%，偏差在5%以内的得［1.2～1.6）分；固定资产利用率<95%，偏差在5%以上的得［0～1.2）分。

3. 产出部分（一级指标）

"产出"一级指标只包含"职责履行"1项二级指标，占40分，包含以下三级指标：

第一，实际完成率（三级指标）。

"实际完成率"指标重点考核单位履行职责而实际完成的工作数与计划工作数的比率，用以反映和考核单位履职工作任务目标的实现程度。实际完成率＝实际完成工作数/计划工作数×100%。实际完成工作数指一定时期（年度或规划期）内单位实际完成工作任务的数量。计划工作数指单位整体绩效目标确定的一定时期（年度或规划期）内预计完成工作任务的数量。

"实际完成率"指标包括2个四级指标："常规工作完成率""项目工作完成率"。常规工作完成率和项目工作完成率设定的分值按照财政预算批复基本支出、项目支出金额所占权重设定。

"常规工作完成率"指标重点考核单位履行职责而实际完成的工作数与计划工作数的比率，用以反映和考核单位履职工作任务目标的实现程度。常规工作的内容包括设备设施的规划、建设和运维工作，人员编制控制管理，机构运转管理等共计x项。根据本单位制定的年度工作任务与实际完成情况对比打分。

该指标评分标准为：所有工作100%完成的得6分，否则，得分＝工作实际完成比率×6分；有正当理由和规范调整手续的，调整绩效目标后计算，无正当理由和规范调整手续而未完成工作任务的得0分。

"项目工作完成率"的内容包括："计划监测区域完成率""计划监测区域工作范围""全国水土保持监测点检查个数""全国水土保持监测点年

度计划检查完成率""水土流失动态监测成果报告数量"。根据年初批复的项目申报文本、实施方案,与实际完成情况对比打分。

该指标评分标准为:前2项指标单项项目(指标)按计划或超计划指标值完成的得3分;单项项目(指标)未完成,但有客观理由且调整手续完整的,得分=实际完成率×3分;无客观理由、无调整手续未完成计划指标的得0分。后3项指标单项项目(指标)按计划或超计划指标值完成的得2分;单项项目(指标)未完成,但有客观理由且调整手续完整的,得分=实际完成率×2分;无客观理由、无调整手续未完成计划指标的得0分。

第二,完成及时率(三级指标)。

"完成及时率"指标重点考核单位在规定时限内及时完成的实际工作数与计划工作数的比率,用以反映和考核单位履职时效目标的实现程度。完成及时率=及时完成实际工作数/计划工作数×100%。其中,及时完成实际工作数是单位按照整体绩效目标确定的时限实际完成的工作任务数量。

该指标的评分标准为:完成及时的得[6.4~8]分;完成较及时的得[4.8~6.4)分;完成不够及时的得[0~4.8)分。

第三,质量达标率(三级指标)。

"质量达标率"指标包括2项四级指标:"项目成果通过专家组验收""监测成果入库率"。这2项四级指标用于一并评价达到质量标准(计划指标值)的实际工作数与计划工作数的比率,用以反映和考核部门履职质量目标的实现程度。根据年初批复的项目申报文本、绩效目标,对项目质量达标情况进行评价。

"项目成果通过专家组验收"指标为5分,评分标准为:达到既定标准的得[4~5]分;较好达到既定标准的得[3~4)分;未达到既定标准的得[0~3)分。

"监测成果入库率"指标为5分,评分标准为:达到既定标准的得[4~5]分;未达到既定标准,偏差在5%以内的得[3~4)分;未达到既定标准，偏差在 5% 以上的得 [0~3] 分。

第四，重点工作办结率（三级指标）。

"重点工作办结率"指标重点考核单位年度重点工作实际完成数与交办或下达数的比率，用以反映单位对重点工作的办理落实程度。重点工作办结率=重点工作实际完成数/交办或下达数×100%。其中，重点工作是指党委、政府、人大、相关部门交办或下达的工作任务。

该指标评分标准为：重点工作办结率=100%的得 [3.2~4] 分；重点工作办结率<100%，偏差在 5% 以内的得 [2.4~3.2] 分；重点工作办结率<100%，偏差在 5% 以上的得 [0~2.4] 分。

4. 效益部分（一级指标）

"效益"一级指标只包含"履职效益"1 项二级指标，占 25 分，包含以下三级指标：

第一，社会效益（三级指标）。

"社会效益"指标包括"生产建设单位/社会公众的水土保持意识"1 项四级指标。对照绩效目标，对产生的社会效益进行评价。

该指标评分标准为：得分=实际完成数量/计划数量×15 分。

第二，社会公众或服务对象满意度（三级指标）。

"社会公众或服务对象满意度"指标包括"上级主管部门满意度"1 项四级指标，主要评价辖区内省级水行政主管部门、辖区内重点县水行政主管部门满意度。

该指标评分标准为：满意度≥90%的得 10 分；90%>满意度≥60%，得分=满意度/90%×10 分；满意度<60%的不得分。

二、个性指标

本书所指的个性指标主要体现在试点单位预算绩效评价的"产出部分"和"收益部分"。现将具体指标情况列示如下：

第五章 推进我国水利预算项目支出绩效评价标准化的制度构建

(一) 水文测报项目

1. 产出部分（一级指标）

（1）产出数量（二级指标）。

"产出数量"指标包括9项三级指标："国家基本水文站站点数量""日常化预报站次""水位站数量""雨量站数量""洪水预报站点数""在站整编审查站数""水情信息收集量""水文年鉴的审查、汇编及刊印""《中国河流泥沙公报》编写、审查及出版"。

"产出数量"指标重点考核项目各项产出的实际完成率，即项目实施的实际产出数与计划产出数的比率，用以反映和考核项目产出数量目标的实现程度。实际完成率=实际产出数/计划产出数×100%。实际产出数指一定时期（本年度或项目期）内项目实际产出的产品或提供的服务数量。计划产出数指项目绩效目标确定的在一定时期（本年度或项目期）内计划产出的产品或提供的服务数量。

评价要点：项目实施周期内各项产出完成情况。

评价标准："日常化预报站次"指标标准分为3分，得分=实际完成率×3分，超过3分的按3分计。"国家基本水文站站点数量""在站整编审查站数""水情信息收集量""水文年鉴的审查、汇编及刊印"指标标准分均为2分，得分=实际完成率×2分，超过2分的按2分计。其余4项三级指标均为1分，得分=实际完成率×1分，超过1分的按1分计。

（2）产出质量（二级指标）。

"产出质量"指标包括4项三级指标："水情报汛漏、错报率""水文测报设施设备养护率""水文测验合格率""水文资料整编成果系统错误/特征值错误/数字错误率"。

"产出质量"指标用以反映和考核项目产出质量目标的实现程度。

评价要点：对照实际批复的绩效目标，对项目质量达标情况进行评价。

评价标准："水文测报设施设备养护率""水文测验合格率""水情报

093

汛漏、错报率"指标均为2分。达到既定标准的得［1.6~2］分；未达到既定标准，偏差在5%以内的得［1.2~1.6）分；未达到既定标准，偏差在5%以上的得［0~1.2）分。"水文资料整编成果系统错误/特征值错误/数字错误率"指标为2分。达到既定标准的得［1.6~2］分；未达到既定标准，偏差在5‰以内的得［1.2~1.6）分；未达到既定标准，偏差在5‰以上的得［0~1.2）分。

(3) 产出时效（二级指标）。

"产出时效"指标包括3项三级指标："设施设备检查汛前完成率""日常化预报""水情报汛"。

"产出时效"指标重点考核项目实际完成时间与计划完成时间的比较，用以反映和考核项目产出时效目标的实现程度。实际完成时间指项目实施单位完成该项目实际所耗用的时间。计划完成时间指按照项目实施计划或相关规定完成该项目所需的时间。

评价要点：项目是否按计划进度完成各阶段工作任务。

评价标准：3项指标标准分均为2分。"设施设备检查汛前完成率"评价标准为：达到既定标准的得［1.6~2］分；未达到既定标准，偏差在5%以内的得［1.2~1.6）分；未达到既定标准，偏差在5%以上的得［0~1.2）分。"日常化预报"评价标准为：日常化预报在规定时间内的得2分；未在规定时间内预报的得0分。"水情报汛"评价标准为：水雨情信息在规定时间内报送的得2分；未在规定时间内报送的得0分。

(4) 产出成本（二级指标）。

"产出成本"指标包括"维护维修总成本控制"1项三级指标。

"产出成本"指标重点考核完成项目计划工作目标是否采取了有效的措施节约成本。

评价要点：项目成本节约情况。

评价标准：不高于设施设备造价或价格的15%的得［0.8~1］分；高于设施设备造价或价格的15%的得［0.6~0.8）分；不低于设施设备造价或价格的20%的得［0~0.6）分。

2. 效益部分（一级指标）

"效益"指标包括"项目效益"1项二级指标，"项目效益"指标包括6项三级指标："国家水文站网水文测验大江大河洪水监测控制率""为综合治理、开发和防洪对策研究提供重要的基础信息和决策依据""促进流域综合治理开发以及水资源可持续利用""逐步促进了解河势变化及对防洪、河道整治的开发利用""业务培训人次""上级主管部门满意度"。前5项指标重点考核项目实施所产生的社会效益、经济效益、生态效益、可持续影响等。最后1项指标重点考核社会公众或服务对象对项目实施效果的满意程度。其一般采取社会调查或访谈等方式。

评价要点：前5项指标评价项目实施效益的显著程度；后1项指标评价上级主管部门对项目实施的满意程度。

评价标准："国家水文站网水文测验大江大河洪水监测控制率"指标标准分为5分。达到既定标准的得［4~5］分；未达到既定标准，偏差在5%以内的得［3~4）分；未达到既定标准，偏差在5%以上的得［0~3）分。

"为综合治理、开发和防洪对策研究提供重要的基础信息和决策依据""逐步促进了解河势变化及对防洪、河道整治的开发利用"指标标准分均为5分。有效的得［4~5］分；较有效的得［3~4）分；不够有效的得［0~3）分。

"促进流域综合治理开发以及水资源可持续利用"指标标准分为5分。效益显著的得［4~5］分；效益较显著的得［3~4）分；效益不够显著的得［0~3）分。

"业务培训人次"指标标准分为5分。得分=实际培训人次/计划培训人次×5分，超过5分的按5分计。

"上级主管部门满意度"指标标准分为5分。满意度≥90%的得5分；90%>满意度≥60%的，得分=满意度/90%×5分；满意度<60%的不得分。

(二) 水土保持业务

1. 产出部分（一级指标）

(1) 产出数量（二级指标）。

"产出数量"指标包括 10 项三级指标："暗访督查淤地坝数量""编制《中国水土保持公报》""部管在建生产建设项目现场监督检查率""高效水土保持植物资源示范面积""国家水土保持重点工程治理县监督检查数量""计划监测区域工作范围""计划监测区域完成率""建立扰动图斑遥感解译标志数量""扰动图斑解译和判别的国土面积""现场核实工程一坝一单数量"。

"产出数量"指标重点考核项目各项产出的实际完成率，即项目实施的实际产出数与计划产出数的比率，用以反映和考核项目产出数量目标的实现程度。实际完成率＝实际产出数/计划产出数×100%。实际产出数指一定时期（本年度或项目期）内项目实际产出的产品或提供的服务数量。计划产出数指项目绩效目标确定的在一定时期（本年度或项目期）内计划产出的产品或提供的服务数量。

评价要点：项目实施周期内各项产出完成情况。

评价标准："扰动图斑解译和判别的国土面积"指标标准分为 3 分。得分＝实际完成率×3 分，超过 3 分的按 3 分计。

"高效水土保持植物资源示范面积""现场核实工程一坝一单数量""计划监测区域完成率"指标标准分均为 1 分。得分＝实际完成率×1 分，超过 1 分的按 1 分计。

其余指标标准分均为 2 分。得分＝实际完成率×2 分，超过 2 分的按 2 分计。

(2) 产出质量（二级指标）。

"产出质量"指标包括 3 项三级指标："部管在建生产建设项目监督检查意见出具率""高效水土保持植物资源配置示范成活率""监测成果整编入库率"。

"产出质量"指标用以反映和考核项目产出质量目标的实现程度。

评价要点：对照实际批复的绩效目标，对项目质量达标情况进行评价。

评价标准："部管在建生产建设项目监督检查意见出具率""高效水土保持植物资源配置示范成活率"指标标准分均为1分。达到既定标准的得[0.8~1]分；未达到既定标准，偏差在5%以内的得[0.6~0.8)分；未达到既定标准，偏差在5%以上的得[0~0.6)分。

"监测成果整编入库率"指标标准分为2分。达到既定标准的得[1.6~2]分；未达到既定标准，偏差在5%以内的得[1.2~1.6)分；未达到既定标准，偏差在5%以上的得[0~1.2)分。

(3) 产出时效（二级指标）。

"产出时效"指标包括5项三级指标："编制完成《中国水土保持公报》时间节点""全国水土流失年度消长情况复核结果完成率""督查单位报送国家水土保持重点工程监督检查报告、问题清单及整改要求""督查单位报送淤地坝暗访督查报告、问题清单及整改要求""全国水土保持规划实施情况报告完成时间"。

"产出时效"指标重点考核项目实际完成时间与计划完成时间的比较，用以反映和考核项目产出时效目标的实现程度。实际完成时间指项目实施单位完成该项目实际所耗用的时间。计划完成时间指按照项目实施计划或相关规定完成该项目所需的时间。

评价要点：项目是否按计划进度完成各阶段工作任务。

评价标准："编制完成《中国水土保持公报》时间节点"指标标准分为2分。完成及时的得[1.6~2]分；完成较及时的得[1.2~1.6)分；完成不及时的得[0~1.2)分。

"督查单位报送国家水土保持重点工程监督检查报告、问题清单及整改要求""督查单位报送淤地坝暗访督查报告、问题清单及整改要求""全国水土保持规划实施情况报告完成时间"指标标准分均为1分。完成及时的得[0.8~1]分；完成较及时的得[0.6~0.8)分；完成不及时的得

[0~0.6] 分。

"全国水土流失年度消长情况复核结果完成率"指标标准分为 1 分。达到既定标准的得 [0.8~1] 分；未达到既定标准，偏差在 5%以内的得 [0.6~0.8] 分；未达到既定标准，偏差在 5%以上的得 [0~0.6] 分。

（4）产出成本（二级指标）。

"产出成本"指标包括"成本节约情况"1 项三级指标。

"产出成本"指标重点考核完成项目计划工作目标是否采取了有效的措施节约成本。

评价要点：项目成本节约情况。

评价标准：成本节约情况良好的得 [1.6~2] 分；成本节约情况较好的得 [1.2~1.6] 分；成本节约情况较差的得 [0~1.2] 分。

2. 效益部分（一级指标）

"效益"指标包括"项目效益"1 项二级指标，下设 4 项三级指标："《中国水土保持公报》是否公开""年度新增扰动图斑底图完成率""管理对象满意度""培训人员满意度"。前 2 项指标重点考核项目实施所产生的社会效益、经济效益、生态效益、可持续影响等。后 2 项指标重点考核管理对象和培训人员对项目实施效果的满意程度。其一般采取社会调查或访谈等方式。

评价要点：前 2 项指标评价项目实施效益的显著程度；后 2 项指标评价管理对象和培训人员对项目实施的满意程度。

评价标准："《中国水土保持公报》是否公开"指标标准分为 10 分。《中国水土保持公报》公开的得 10 分；《中国水土保持公报》未公开的得 0 分。

"年度新增扰动图斑底图完成率"指标标准分为 10 分。达到既定标准的得 [8~10] 分；未达到既定标准，偏差在 5%以内的得 [6~8] 分；未达到既定标准，偏差在 5%以上的得 [0~6] 分。

"管理对象满意度""培训人员满意度"指标标准分均为 5 分。满意度≥90%的得 5 分；90%>满意度≥60%的，得分=满意度/90%×5 分；满意度<60%的不得分。

(三) 水行政执法监督

1. 产出部分（一级指标）

(1) 产出数量（二级指标）。

"产出数量"指标包括 8 项三级指标："采砂管理检查、监督、现场执法巡查等次数""常规普法宣传、专题与专项普法宣传次数""组织开展水事矛盾纠纷排查化解次数""出动执法人员""巡查河道长度""巡查监管对象个数""巡查水域面积""组织起草、修改、评估水法律、法规、规章、规范性文件等次数"。

"产出数量"指标重点考核项目各项产出的实际完成率，即项目实施的实际产出数与计划产出数的比率，用以反映和考核项目产出数量目标的实现程度。实际完成率＝实际产出数/计划产出数×100%。实际产出数指一定时期（本年度或项目期）内项目实际产出的产品或提供的服务数量。计划产出数指项目绩效目标确定的在一定时期（本年度或项目期）内计划产出的产品或提供的服务数量。

评价要点：项目实施周期内各项产出完成情况。

评价标准："常规普法宣传、专题与专项普法宣传次数"指标标准分为 3 分，得分＝实际完成率×3 分，超过 3 分的按 3 分计。其余 7 项三级指标均为 2 分，评分标准为：得分＝实际完成率×2 分，超过 2 分的按 2 分计。

(2) 产出质量（二级指标）。

"产出质量"指标包括"查处水事违法案件结案率"1 项三级指标。

"产出质量"指标用以反映和考核项目产出质量目标的实现程度。

评价要点：对照实际批复的绩效目标，对项目质量达标情况进行评价。

评价标准：达到既定标准的得［3.2~4］分；未达到既定标准，偏差在 5%以内的得［2.4~3.2）分；未达到既定标准，偏差在 5%以上的得

[0~2.4) 分。

(3) 产出时效（二级指标）。

"产出时效"指标包括 2 项三级指标："河道采砂许可按时办结率""涉河建设项目按时办结率"。

"产出时效"指标重点考核项目实际完成时间与计划完成时间的比较，用以反映和考核项目产出时效目标的实现程度。实际完成时间指项目实施单位完成该项目实际所耗用的时间。计划完成时间指按照项目实施计划或相关规定完成该项目所需的时间。

评价要点：项目是否按计划进度完成各阶段工作任务。

评价标准：达到既定标准的得 [2.4~3] 分；未达到既定标准，偏差在 5%以内的得 [1.8~2.4) 分；未达到既定标准，偏差在 5%以上的得 [0~1.8) 分。

(4) 产出成本（二级指标）。

"产出成本"指标包括"成本节约情况"1 项三级指标。

"产出成本"指标重点考核完成项目计划工作目标是否采取了有效的措施节约成本。

评价要点：项目成本节约情况。

评价标准：成本节约情况良好的得 [2.4~3] 分；成本节约情况较好的得 [1.8~2.4) 分；成本节约情况较差的得 [0~1.8) 分。

2. 效益部分（一级指标）

"效益"指标包括"项目效益"1 项二级指标，下设 4 项三级指标："行政处罚、行政强制、行政许可行为被行政诉讼纠错率""加强业务培训，提升执法能力，培训人次""采砂管理相对人满意度""行政许可相对人满意度"。前 2 项指标重点考核项目实施所产生的社会效益、经济效益、生态效益、可持续影响等。后 2 项指标重点考核采砂管理相对人和行政许可相对人对项目实施效果的满意程度。其一般采取社会调查或访谈等方式。

评价要点：前 2 项指标评价项目实施效益的显著程度；后 2 项指标评

价采砂管理相对人和行政许可相对人对项目实施的满意程度。

评价标准："行政处罚、行政强制、行政许可行为被行政诉讼纠错率"指标标准分为9分。达到既定标准的得［7.2~9］分；未达到既定标准，偏差在5%以内的得［5.4~7.2）分；未达到既定标准，偏差在5%以上的得［0~5.4）分。

"加强业务培训，提升执法能力，培训人次"指标标准分为9分。得分＝实际培训人次/计划培训人次×9分，超过9分的按9分计。

"采砂管理相对人满意度"指标标准分为6分。满意度≥90%的得6分；90%＞满意度≥60%的，得分＝满意度/90%×6分；满意度＜60%的不得分。

"行政许可相对人满意度"指标标准分为6分。满意度≥80%的得6分；80%＞满意度≥60%的，得分＝满意度/80%×6分；满意度＜60%的不得分。

(四) 水利工程运行管理

1. 产出部分（一级指标）

（1）产出数量（二级指标）。

"产出数量"指标包括21项三级指标："安装标示牌""泵站工程维修养护数量""堤防维修养护长度""控导工程维修养护数""埋设界桩""水库工程维修养护数量""水闸工程维修养护数量""土地测绘""现场督查项目数""堤防及河道整治工程划界面积""堤防绿化面积""督查成果""钢丝绳维护数量""河道划界面积""监控设备、发电机、启闭机等设备维护数量""埋设围栏""数据量""现场督查组次""现场复查项目数""现场复查组次""闸门维护数量"。

"产出数量"指标重点考核项目各项产出的实际完成率，即项目实施的实际产出数与计划产出数的比率，用以反映和考核项目产出数量目标的实现程度。实际完成率＝实际产出数/计划产出数×100%。实际产出数指一定时期（本年度或项目期）内项目实际产出的产品或提供的服务数量。计

101

划产出数指项目绩效目标确定的在一定时期（本年度或项目期）内计划产出的产品或提供的服务数量。

评价要点：项目实施周期内各项产出完成情况。

评价标准：得分=实际完成率×1分，超过1分的按1分计。

（2）产出质量（二级指标）。

"产出质量"指标包括2项三级指标："工程、设施是否保持完好""闸门、启闭机、升船机、监测设备、配电与输变电设施、照明、自动控制设施等机电设施及专用设备故障率"。

"产出质量"指标用以反映和考核项目产出质量目标的实现程度。

评价要点：对照实际批复的绩效目标，对项目质量达标情况进行评价。

评价标准："工程、设施是否保持完好"指标标准分为3分。工程施工保持完好，无损坏，路面完整、平坦、无坑、无明显凹陷和波状起伏的得［2.4~3］分；工程施工基本保持完好，有轻微损坏，路面较为完整、平坦、有不明显凹陷和波状起伏的得［1.8~2.4）分；工程施工有明显损坏，路面不完整、有坑、有明显凹陷和波状起伏的得［0~1.8）分。

"闸门、启闭机、升船机、监测设备、配电与输变电设施、照明、自动控制设施等机电设施及专用设备故障率"指标标准分为3分。既定标准为≤5%，达到既定标准的得［2.4~3］分；未达到既定标准，偏差在5%以内的得［1.8~2.4）分；未达到既定标准，偏差在5%以上的得［0~1.8）分。

（3）产出成本（二级指标）。

"产出成本"指标包括"成本节约情况"1项三级指标。

"产出成本"指标重点考核完成项目计划工作目标是否采取了有效的措施节约成本。

评价要点：项目成本节约情况。

评价标准：成本节约情况良好的得［2.4~3］分；成本节约情况较好的得［1.8~2.4）分；成本节约情况较差的得［0~1.8）分。

2. 效益部分（一级指标）

"效益"指标包括"项目效益"1项二级指标，下设5项三级指标："消除隐患，保证安全度汛，减少人民生命和财产损失""减少主体工程缺陷率，确保水利工程完整及安全运行，保障流域内人民生命财产安全""有效提高工程管理规范化水平，落实法律法规和技术标准""上级主管部门或地方管理单位满意度""用户抽样调查满意度"。前3项指标重点考核项目实施所产生的社会效益、经济效益、生态效益、可持续影响等。后2项指标重点考核上级主管部门或地方管理单位和用户对项目实施效果的满意程度。其一般采取社会调查或访谈等方式。

评价要点：前3项指标评价项目实施效益的显著程度；后2项指标评价上级主管部门或地方管理单位和用户对项目实施的满意程度。

评价标准："消除隐患，保证安全度汛，减少人民生命和财产损失"指标标准分为6分。不发生因工程安全隐患引起的人民生命和财产损失的得［4.8~6］分；发生因工程安全隐患引起的人民财产轻微损失的得［3.6~4.8）分；发生因工程安全隐患引起的人民生命和财产较严重损失的得［0~3.6）分。

"减少主体工程缺陷率，确保水利工程完整及安全运行，保障流域内人民生命财产安全"指标标准分为6分。及时修复整改工程缺陷，确保工程完整及安全运行的得［4.8~6］分；较及时修复整改工程缺陷，基本保证工程完整及安全运行的得［3.6~4.8）分；未能及时修复整改工程缺陷，工程完整及安全运行受到明显影响的得［0~3.6）分。

"有效提高工程管理规范化水平，落实法律法规和技术标准"指标标准分为6分。全部落实各项法律法规，保证工程完整和可持续利用的得［4.8~6］分；基本落实各项法律法规，基本保证工程完整和可持续利用的得［3.6~4.8）分；未能落实各项法律法规，影响工程完整和可持续利用的得［0~3.6）分。

"上级主管部门或地方管理单位满意度"指标标准分为6分。满意度≥90%的得6分；90%>满意度≥60%的，得分=满意度/90%×6分；满意度<60%的不得分。

"用户抽样调查满意度"指标标准分为 6 分。满意度≥95%的得 6 分；95%>满意度≥60%的，得分=满意度/95%×6 分；满意度<60%的不得分。

(五) 水资源节约

1. 产出部分（一级指标）

(1) 产出数量（二级指标）。

"产出数量"指标包括10项三级指标："《中国水利报》全年报道量""调研次数""公益广告播放平台""节水护水公益广告""节水相关新闻报道数量""派出检查组数量""全国节水办官方媒体推送信息""用水定额评估成果数量、计划用水管理成果数量以及其他项目成果报告数量""中国水利系列新媒体平台发布信息""中央主流媒体刊登广告版面"。

"产出数量"指标重点考核项目各项产出的实际完成率，即项目实施的实际产出数与计划产出数的比率，用以反映和考核项目产出数量目标的实现程度。实际完成率=实际产出数/计划产出数×100%。实际产出数指一定时期（本年度或项目期）内项目实际产出的产品或提供的服务数量。计划产出数指项目绩效目标确定的在一定时期（本年度或项目期）内计划产出的产品或提供的服务数量。

评价要点：项目实施周期内各项产出完成情况。

评价标准：得分=实际完成率×2 分，超过 2 分的按 2 分计。

(2) 产出质量（二级指标）。

"产出质量"指标包括 2 项三级指标："成果报告验收通过率""培训合格率"。

"产出质量"指标用以反映和考核项目产出质量目标的实现程度。

评价要点：对照实际批复的绩效目标，对项目质量达标情况进行评价。

评价标准：达到既定标准的得 [1.6~2] 分；未达到既定标准，偏差在5%以内的得［1.2~1.6）分；未达到既定标准，偏差在5%以上的得［0~1.2）分。

（3）产出时效（二级指标）。

"产出时效"指标包括2项三级指标："节水公益广告制作投放""项目按时完成率"。

"产出时效"指标重点考核项目实际完成时间与计划完成时间的比较，用以反映和考核项目产出时效目标的实现程度。实际完成时间指项目实施单位完成该项目实际所耗用的时间。计划完成时间指按照项目实施计划或相关规定完成该项目所需的时间。

评价要点：项目是否按计划进度完成各阶段工作任务。

评价标准：2项指标标准分均为2分。"节水公益广告制作投放"评价标准为：完成及时的得［1.6~2］分；完成较及时的得［1.2~1.6）分；完成不及时的得［0~1.2）分。"项目按时完成率"评价标准为：达到既定标准的得［1.6~2］分；未达到既定标准，偏差在5%以内的得［1.2~1.6）分；未达到既定标准，偏差在5%以上的得［0~1.2）分。

（4）产出成本（二级指标）。

"产出成本"指标包括"成本节约情况"1项三级指标。

"产出成本"指标重点考核完成项目计划工作目标是否采取了有效的措施节约成本。

评价要点：项目成本节约情况。

评价标准：成本节约情况良好的得［1.6~2］分；成本节约情况较好的得［1.2~1.6）分；成本节约情况较差的得［0~1.2）分。

2. 效益部分（一级指标）

"效益"指标包括"项目效益"1项二级指标，"项目效益"指标包括6项三级指标："促进节水型社会建设""通过开展节水管理宣传，提高公众节水意识。节水管理宣传次数""通过业务培训，提升职工业务能力，推进水利工作可持续发展。业务培训人次""推动并积极引领水情教育事业持续、健康发展""上级主管部门满意度""项目成果专家满意度"。前

4项指标重点考核项目实施所产生的社会效益、经济效益、生态效益、可持续影响等。后2项指标重点考核社会公众或服务对象对项目实施效果的满意程度。其一般采取社会调查或访谈等方式。

评价要点：前4项指标评价项目实施效益的显著程度；后2项指标评价上级主管部门和专家对项目实施的满意程度。

评价标准："促进节水型社会建设"指标标准分为5分。效益显著的得［4~5］分；效益较显著的得［3~4）分；效益不够显著的得［0~3）分。

"通过开展节水管理宣传，提高公众节水意识。节水管理宣传次数"指标标准分为5分。得分＝实际宣传次数/计划宣传次数×5分，超过5分的按5分计。

"通过业务培训，提升职工业务能力，推进水利工作可持续发展。业务培训人次"指标标准分为5分。得分＝实际培训人次/计划培训人次×5分，超过5分的按5分计。

"推动并积极引领水情教育事业持续、健康发展"指标标准分为5分。有效的得［4~5］分；较有效的得［3~4）分；不够有效的得［0~3）分。

"上级主管部门满意度"指标标准分为5分。满意度≥95%的得5分；95%＞满意度≥60%的，得分＝满意度/95%×5分；满意度<60%的不得分。

"项目成果专家满意度"指标标准分为5分。满意度≥90分的得5分；90分＞满意度≥60分的，得分＝满意度/90分×5分；满意度<60分的不得分。

（六）水资源调度

1. 产出部分（一级指标）

（1）产出数量（二级指标）。

"产出数量"指标包括6项三级指标："调研次数""起草简报等期数""起草专题报道/工作汇报/工作信息等份数""水量调度方案、年度水量调度计划数量""水资源调度监督检查""项目成果报告（含调研报告、研究报告、检查报告、月度报告、评估或评价报告、分析报告、工作总结报告、专题年度报告等）数量"。

"产出数量"指标重点考核项目各项产出的实际完成率，即项目实施的实际产出数与计划产出数的比率，用以反映和考核项目产出数量目标的实现程度。实际完成率=实际产出数/计划产出数×100%。实际产出数指一定时期（本年度或项目期）内项目实际产出的产品或提供的服务数量。计划产出数指项目绩效目标确定的在一定时期（本年度或项目期）内计划产出的产品或提供的服务数量。

评价要点：项目实施周期内各项产出完成情况。

评价标准：得分=实际完成率×3分，超过3分的按3分计。

（2）产出质量（二级指标）。

"产出质量"指标包括3项三级指标："成果报告验收通过率""技术方案、工作方案、调度方案等编制要求""培训合格率"。

"产出质量"指标用以反映和考核项目产出质量目标的实现程度。

评价要点：对照实际批复的绩效目标，对项目质量达标情况进行评价。

评价标准："成果报告验收通过率""培训合格率"指标标准分均为3分。达到既定标准的得［2.4~3］分；未达到既定标准，偏差在5%以内的得［1.8~2.4）分；未达到既定标准，偏差在5%以上的得［0~1.8）分。

"技术方案、工作方案、调度方案等编制要求"指标标准分为3分。满足调度需求的得［2.4~3］分；基本满足调度需求的得［1.8~2.4）分；无法满足调度需求的得［0~1.8）分。

（3）产出成本（二级指标）。

"产出成本"指标包括"成本节约情况"1项三级指标。

"产出成本"指标重点考核完成项目计划工作目标是否采取了有效的措施节约成本。

评价要点：项目成本节约情况。

评价标准：成本节约情况良好的得［2.4~3］分；成本节约情况较好的得［1.8~2.4）分；成本节约情况较差的得［0~1.8）分。

2. 效益部分（一级指标）

"效益"指标包括"项目效益"1项二级指标，"项目效益"指标包括6项三级指标："提高水资源利用效益""在来水符合预期情况下，供水保障率""在来水符合预期情况下，重要断面生态流量满足率""业务培训人次""流域内各省水行政主管部门对水资源配置与调度工作满意度""上级主管部门满意度"。前4项指标重点考核项目实施所产生的社会效益、经济效益、生态效益、可持续影响等。后2项指标重点考核社会公众或服务对象对项目实施效果的满意程度。其一般采取社会调查或访谈等方式。

评价要点：前4项指标评价项目实施效益的显著程度；后2项指标评价流域内各省水行政主管部门对水资源配置与调度工作满意程度，以及上级主管部门对项目实施的满意程度。

评价标准："提高水资源利用效益"指标标准分为5分。根据实际来水情况和调度方案，应调尽调，提高水资源利用效益显著的得［4~5］分；根据实际来水情况和调度方案，应调尽调，提高水资源利用效益较显著的得［3~4）分；根据实际来水情况和调度方案，应调尽调，提高水资源利用效益不够显著的得［0~3）分。

"在来水符合预期情况下，供水保障率""在来水符合预期情况下，重要断面生态流量满足率"指标标准分均为5分。达到既定标准的得［4~5］分；未达到既定标准，偏差在5%以内的得［3~4）分；未达到既定标准，偏差在5%以上的得［0~3）分。

"业务培训人次"指标标准分为5分。得分=实际培训人次/计划培训人次×5分，超过5分的按5分计。

"流域内各省水行政主管部门对水资源配置与调度工作满意度""上级主管部门满意度"指标标准分均为5分。满意度≥90%的得5分；90%>满意度≥60%的，得分=满意度/90%×5分；满意度<60%的不得分。

(七) 水利政策研究

1. 产出部分（一级指标）

(1) 产出数量（二级指标）。

"产出数量"指标包括 4 项三级指标："研究报告、调研报告、论证报告等数量""发表文章数量""成果出书/中文图书印刷/英文图书印刷数量""出版期刊刊数"。

"产出数量"指标重点考核项目各项产出的实际完成率，即项目实施的实际产出数与计划产出数的比率，用以反映和考核项目产出数量目标的实现程度。实际完成率=实际产出数/计划产出数×100%。实际产出数指一定时期（本年度或项目期）内项目实际产出的产品或提供的服务数量。计划产出数指项目绩效目标确定的在一定时期（本年度或项目期）内计划产出的产品或提供的服务数量。

评价要点：项目实施周期内各项产出完成情况。

评价标准："研究报告、调研报告、论证报告等数量"指标标准分为 9 分，得分=实际完成率×9 分，超过 9 分的按 9 分计。

"发表文章数量"指标标准分为 3 分，得分=实际完成率×3 分，超过 3 分的按 3 分计。

其余 2 项三级指标均为 2 分，评分标准为：得分=实际完成率×2 分，超过 2 分的按 2 分计。

(2) 产出质量（二级指标）。

"产出质量"指标包括 2 项三级指标："成果报告验收通过率""成果报告优良率"。

"产出质量"指标用以反映和考核项目产出质量目标的实现程度。

评价要点：对照实际批复的绩效目标，对项目质量达标情况进行评价。

评价标准："成果报告验收通过率"指标标准分为 6 分。达到既定标准的得［4.8~6］分；未达到既定标准，偏差在 5%以内的得［3.6~4.8）

分；未达到既定标准，偏差在5%以上的得［0~3.6）分。

"成果报告优良率"指标标准分为2分。达到既定标准的得［1.6~2］分；未达到既定标准，偏差在5%以内的得［1.2~1.6）分；未达到既定标准，偏差在5%以上的得［0~1.2）分。

（3）产出时效（二级指标）。

"产出时效"指标包括"研究课题按期结题率"1项三级指标。

"产出时效"指标重点考核项目实际完成时间与计划完成时间的比较，用以反映和考核项目产出时效目标的实现程度。实际完成时间指项目实施单位完成该项目实际所耗用的时间。计划完成时间指按照项目实施计划或相关规定完成该项目所需的时间。

评价要点：项目是否按计划进度完成各阶段工作任务。

评价标准：达到既定标准的得［3.2~4］分；未达到既定标准，偏差在5%以内的得［2.4~3.2）分；未达到既定标准，偏差在5%以上的得［0~2.4）分。

（4）产出成本（二级指标）。

"产出成本"指标包括"成本节约情况"1项三级指标。

"产出成本"指标重点考核完成项目计划工作目标是否采取了有效的措施节约成本。

评价要点：项目成本节约情况。

评价标准：成本节约情况良好的得［1.6~2］分；成本节约情况较好的得［1.2~1.6）分；成本节约情况较差的得［0~1.2）分。

2. 效益部分（一级指标）

"效益"指标包括"项目效益"1项二级指标，"项目效益"指标包括4项三级指标："提出创新性措施或针对性建议""培训政策研究人员""成果应用转化率""上级主管部门满意度"。前3项指标重点考核项目实施所产生的社会效益、经济效益、生态效益、可持续影响等。后1项指标重点考核社会公众或服务对象对项目实施效果的满意程度。其一般采取社会调查或访谈等方式。

评价要点：前3项指标评价项目实施效益的显著程度；后1项指标评价上级主管部门对项目实施的满意程度。

评价标准："提出创新性措施或针对性建议"指标标准分为7分。得分=实际完成数量/计划完成数量×7分，超过7分的按7分计。

"培训政策研究人员"指标标准分为3分。得分=实际培训人次/计划培训人次×3分，超过3分的按3分计。

"成果应用转化率"指标标准分为8分。达到既定标准的得［6.4~8］分；未达到既定标准，偏差在5%以内的得［4.8~6.4）分；未达到既定标准，偏差在5%以上的得［0~4.8）分。

"上级主管部门满意度"指标标准分为12分。满意度≥90%的得12分；90%>满意度≥60%的，得分=满意度/90%×12分；满意度<60%的不得分。

(八) 长江中游荆江河段崩岸巡查、监测及预警技术研究

1. 产出部分（一级指标）

（1）产出数量（二级指标）。

"产出数量"指标包括6项三级指标："成果报告（含工作总结报告、分析报告、研究报告、专题报告、分报告、专项报告、子题报告，审核、审查、督促、监督、检查、调研、评价、评估、监测报告，简报、月报、季报、年报等）""地形图绘制""河道观测（断面长度）""河道观测（陆上/水下地形面积）""会议次数（讨论、研讨、咨询、审查、评估、验收等）""调研、查勘"。

"产出数量"指标重点考核项目各项产出的实际完成率，即项目实施的实际产出数与计划产出数的比率，用以反映和考核项目产出数量目标的实现程度。实际完成率=实际产出数/计划产出数×100%。实际产出数指一定时期（本年度或项目期）内项目实际产出的产品或提供的服务数量。计划产出数指项目绩效目标确定的在一定时期（本年度或项目期）内计划产出的产品或提供的服务数量。

评价要点：项目实施周期内各项产出完成情况。

评价标准：得分＝实际完成率×3分，超过3分的按3分计。

（2）产出质量（二级指标）。

"产出质量"指标包括"合同任务完成率"1项三级指标。

"产出质量"指标用以反映和考核项目产出质量目标的实现程度。

评价要点：对照实际批复的绩效目标，对项目质量达标情况进行评价。

评价标准：达到既定标准的得［4~5］分；未达到既定标准，偏差在5%以内的得［3~4）分；未达到既定标准，偏差在5%以上的得［0~3）分。

（3）产出时效（二级指标）。

"产出时效"指标包括"项目按时完成率"1项三级指标。

"产出时效"指标重点考核项目实际完成时间与计划完成时间的比较，用以反映和考核项目产出时效目标的实现程度。实际完成时间指项目实施单位完成该项目实际所耗用的时间。计划完成时间指按照项目实施计划或相关规定完成该项目所需的时间。

评价要点：项目是否按计划进度完成各阶段工作任务。

评价标准：达到既定标准的得［4~5］分；未达到既定标准，偏差在5%以内的得［3~4）分；未达到既定标准，偏差在5%以上的得［0~3）分。

（4）产出成本（二级指标）。

"产出成本"指标包括"成本节约情况"1项三级指标。

"产出成本"指标重点考核完成项目计划工作目标是否采取了有效的措施节约成本。

评价要点：项目成本节约情况。

评价标准：成本节约情况良好的得［1.6~2］分；成本节约情况较好的得［1.2~1.6）分；成本节约情况较差的得［0~1.2）分。

2. 效益部分（一级指标）

"效益"指标包括"项目效益"1项二级指标，"项目效益"指标包括2项三级指标："能否为后期工作提供基础信息和技术支撑""上级主管部门满意度"。前1项指标重点考核项目实施所产生的社会效益、经济效益、生态效益、可持续影响等。后1项指标重点考核社会公众或服务对象对项目实施效果的满意程度。其一般采取社会调查或访谈等方式。

评价要点：前1项指标评价项目实施效益的显著程度；后1项指标评价上级主管部门对项目实施的满意程度。

评价标准："能否为后期工作提供基础信息和技术支撑"指标标准分为20分。完全能为后期工作提供基础信息和技术支撑的得 [16~20] 分；基本能为后期工作提供基础信息和技术支撑的得 [12~16) 分；不能为后期工作提供基础信息和技术支撑的得 [0~12) 分。

"上级主管部门满意度"指标标准分为10分。满意度≥90%的得10分；90%>满意度≥60%的，得分=满意度/90%×10分；满意度<60%的不得分。

（九）三峡水库库区及中下游重点水域监管工作

1. 产出部分（一级指标）

（1）产出数量（二级指标）。

"产出数量"指标包括5项三级指标："开展监督检查/暗访次数""涉河湖问题调查认证""涉河湖问题调查认证及检查暗访报告""涉河湖问题调查认证及检查暗访范围""调查研究成果报告数量"。

"产出数量"指标重点考核项目各项产出的实际完成率，即项目实施的实际产出数与计划产出数的比率，用以反映和考核项目产出数量目标的实现程度。实际完成率=实际产出数/计划产出数×100%。实际产出数指一定时期（本年度或项目期）内项目实际产出的产品或提供的服务数量。计划产出数指项目绩效目标确定的在一定时期（本年度或项目期）内计划产出的产品或提供的服务数量。

评价要点：项目实施周期内各项产出完成情况。

评价标准："开展监督检查/暗访次数"指标标准分为6分，得分＝实际完成率×6分，超过6分的按6分计。

其余各项指标标准分均为3分，得分＝实际完成率×3分，超过3分的按3分计。

（2）产出质量（二级指标）。

"产出质量"指标包括"涉河湖问题调查认证及检查暗访工作准确率"1项三级指标。

"产出质量"指标用以反映和考核项目产出质量目标的实现程度。

评价要点：对照实际批复的绩效目标，对项目质量达标情况进行评价。

评价标准：达到既定标准的得［4~5］分；未达到既定标准，偏差在5%以内的得［3~4）分；未达到既定标准，偏差在5%以上的得［0~3）分。

（3）产出时效（二级指标）。

"产出时效"指标包括"按时间要求提交工作成果"1项三级指标。

"产出时效"指标重点考核项目实际完成时间与计划完成时间的比较，用以反映和考核项目产出时效目标的实现程度。实际完成时间指项目实施单位完成该项目实际所耗用的时间。计划完成时间指按照项目实施计划或相关规定完成该项目所需的时间。

评价要点：项目是否按计划进度完成各阶段工作任务。

评价标准：工作成果提交及时的得［3.2~4］分；工作成果提交较及时的得［2.4~3.2)分；工作成果提交不够及时的得［0~2.4］分。

（4）产出成本（二级指标）。

"产出成本"指标包括"成本节约情况"1项三级指标。

"产出成本"指标重点考核完成项目计划工作目标是否采取了有效的措施节约成本。

评价要点：项目成本节约情况。

评价标准：成本节约情况良好的得［2.4~3］分；成本节约情况较好的得［1.8~2.4）分；成本节约情况较差的得［0~1.8）分。

2. 效益部分（一级指标）

"效益"指标包括"项目效益"1项二级指标，下设4项三级指标："减少水事违法行为及重大水事违法事件带来的经济损失""推动河湖健康发展""促进河湖管护规范化，提高河湖管护水平""上级主管部门满意度"。前3项指标重点考核项目实施所产生的社会效益、经济效益、生态效益、可持续影响等。后1项指标重点考核上级主管部门对项目实施效果的满意程度。其一般采取社会调查或访谈等方式。

评价要点：前3项指标评价项目实施效益的显著程度；后1项指标评价上级主管部门对项目实施的满意程度。

评价标准：前3项指标标准分均为8分。效益显著的得［6.4~8］分；效益较显著的得［4.8~6.4）分；效益不够显著的得［0~4.8）分。

"上级主管部门满意度"指标标准分为6分。满意度≥90%的得6分；90%>满意度≥60%的，得分=满意度/90%×6分；满意度<60%的不得分。

第四节 水利预算项目支出绩效评价程序和方法

一、水利预算项目支出绩效评价程序

为深入贯彻落实党的十九大报告"建立全面规范透明、标准科学、约束有力的预算制度，全面实施绩效管理"和《中共中央 国务院关于全面实施预算绩效管理的意见》（中发〔2018〕34号）、《水利部关于贯彻落实〈中共中央 国务院关于全面实施预算绩效管理的意见〉的实施意见》的总体要求，进一步强化水利部门预算绩效管理和部门管理水平，提高财政

资源配置效率和使用效益，按照《项目支出绩效评价管理办法》（财预〔2020〕10号）规定及《财政部办公厅关于做好2020年度中央部门项目支出绩效评价工作的通知》（财办监〔2021〕4号）（以下简称《通知》）要求，水利预算项目支出绩效评价工作主要包括以下流程：

（1）提前培训指导，夯实工作基础。为顺应全面实施预算绩效管理要求，切实做好部门预算项目支出绩效评价工作，水利部通常会举办年度项目和绩效管理培训班，及时传达财政部绩效管理的新政策、新要求，讲解绩效管理工作流程、重点事项，指导培训、答疑解惑、统一要求，推动提升各单位参与人员绩效评价工作能力，为评价工作顺利开展夯实理论基础。

（2）印发工作通知，明确工作要求。在以往年度评价工作开展经验基础上，提前对单位自评、部门评价工作作出部署，通过印发《试点项目和单位整体支出绩效评价工作的通知》《水利部财务司关于开展项目支出绩效自评工作的通知》，明确评价范围、评价内容、工作方法、时间节点及相关要求等，做好评价前期基础工作。

（3）制定打分体系，统一评价标准。为确保绩效评价科学、客观、公正，经专家论证和主管司局讨论，水利部编制印发《水利部试点项目和单位整体支出绩效评价指标体系及打分办法》，明确各试点项目绩效评价打分原则、指标说明、分值权重等，作为二级预算单位开展绩效评价工作、第三方机构现场复核及专家组抽查复核的统一打分依据。

（4）组织项目单位自评，形成自评结果。按照《通知》要求，各直属单位及所属预算单位对所有批复项目、执行调整新增项目本年度绩效目标执行情况开展绩效自评。同时，相关二级预算单位根据试点项目和单位整体支出绩效评价指标体系及打分办法，组织开展自评价工作，撰写试点项目和单位整体支出自评价报告，并正式上报水利部。

（5）开展多级抽查复核，确保评价结果客观公正。综合考虑绩效评价工作需要，采取线上线下相结合的复核方式，通过电话质询、书面复核、视频会议、材料分析、现场复核等多种形式与各单位及时沟通，对存疑数据第一时间进行核实、反馈，确保绩效评价工作数据准确、分值合理、结果客观。

（6）汇总打捆绩效评价报告，形成评价结论。在单位自评和抽查复核基础上，汇总打捆形成试点项目绩效评价报告和单位整体支出绩效评价报告。及时对评价工作组织实施情况、评价结果等进行综合分析，形成绩效评价工作总结。

二、水利预算项目支出绩效评价方法

水利预算项目支出绩效评价方法主要包括成本效益分析法、比较法、因素分析法、最低成本法、公众评判法等。根据评价对象的具体情况，各预算单位可以采用一种或多种方法。

（1）成本效益分析法，是指将决策与产出、效益进行关联性分析的方法。该方法适用于效益可以量化的绩效评审政策或项目，是指将政策或项目拟投入预算金额与预期效果进行对比分析，分析政策或项目的有力程度，寻求以最小成本获取最大收益的投入方式。

（2）比较法，是指将实施情况与绩效目标、历史情况、不同部门和地区同类支出情况进行比较的方法。依据各项目单位提交的项目绩效佐证材料，逐项核对水利部批复的项目年度绩效指标、年度实施方案完成情况，分析项目绩效目标实现程度。

（3）因素分析法，是指综合分析影响绩效目标实现、实施效果的内外部因素的方法。该方法将影响政策或项目绩效目标实现、实施效果的内外部因素罗列出来，细化分析维度；然后根据不同因素的重要程度设置相应权重并评分，通过定量的方式得出评估结论。

（4）最低成本法，是指在绩效目标确定的前提下，成本最小者为优的方法。该方法对预期效益不易计量的政策项目，通过综合分析测算其最低实施成本对政策项目进行评估。

（5）公众评判法，是指通过专家评估、公众问卷及抽样调查等方式进行评判的方法。采用公众评判法，通过调取发放调查问卷的方式，对项目效益指标和服务对象满意度指标进行全面评估。通过综合分析影响绩效目标实现、实施效果的内外部因素，评价绩效目标实现程度。聘请不同领域的专家进行评价打分等，确保评价结论的客观、公正。

第五节　预算项目支出绩效评价报告编写

一、单位预算项目支出绩效自评价报告编写

预算绩效自评价是预算绩效管理的关键环节，各预算单位针对年度预算绩效管理情况做出清晰认知，对比相关评价指标体系，才能够找出自身存在的问题，进而提出更具优化性的政策建议。各相关二级预算单位根据试点项目和单位整体支出绩效评价指标体系及打分办法，组织开展自评价工作。在自评价的基础上，撰写试点项目和单位整体支出自评价报告，并将试点项目和单位整体支出绩效报告及绩效自评价报告以正式文件的形式报水利部，并同步报送相关电子版资料。在自评价报告中，应该尽可能核实相关指标执行进度，对于存在的问题及产生该问题的原因进行详细且具体的阐述，并依据二级预算单位自身存在的问题，提出下一步拟改进措施，如有必要，应该附相关佐证材料。

自评报告的撰写是为了更好地从项目预算单位自身角度对年度项目支出绩效做出评价。报告的撰写既要对本年度水利预算项目的开展情况、支出绩效进行评价，还应总结在预算项目绩效管理过程中取得的主要经验、存在的问题，以及进一步的解决办法。

二、部门预算项目支出绩效评价报告编写

预算项目支出绩效复核主要分为第三方机构现场复核和专家抽查复核

两种形式。其中,第三方机构参与现场复核是我国预算绩效管理工作迈出重要一步的关键举措,由于委托给第三方机构参与预算绩效管理工作,其实质是建立了更加完善和透明的财政资金使用制度,更加有助于提升资金使用效率。财政部要求,应坚持权责清晰、主体分离、厉行节约、突出重点、质量导向、择优选取等基本原则,对预算部门或单位委托第三方机构评价自身绩效。基于此,通过引入第三方机构对自评结果进行复核,能够更加客观地反映资金使用情况,对项目预算计划、预算执行和预算产出等各个环节进行深入摸底和分析,并对其中容易产生问题的环节进行细致剖析,对发现问题的节点及时汇总上报,为下一阶段的专家抽查复核提供部分依据和参考。同时,为了更加完善本项制度的实施,也为了确保第三方机构在现场复核环节能够做到客观、公正,水利部门预算绩效管理工作突出了现场复核环节之后的回访机制。也就是说,二级预算单位在自评基础上,经过第三方机构复核,此时,需要就二级预算单位进行问卷调查或电话回访,对第三方机构复核结果进行再次确认,以提高复核结果的认可度。

而专家抽查复核是在第三方机构复核结果之后,相关部门对复核结果中出现问题的部分环节展开专家复核。通过组建专家组的形式,开展重点抽查和调研。这里的专家组一定由财务主管部门和业务主管部门共同参与,以便更明确问题产生的根源,为后期处理工作奠定基础。专家组通过听取汇报、当面质询、查阅资料、现场查看等方式了解绩效完成情况,就评价结果和业务主管部门进行沟通,形成一致意见。专家抽查及现场复核主要采取资料核查、座谈询问、问卷调查、现场勘查等方式,综合运用对比分析、专家评议等方法组织开展。专家组赴随机抽查的有关县进行现场复核后,将根据复核评分结果进行汇总评价,形成总体评价报告,作为与资金分配挂钩的奖惩依据之一,并在一定范围内公开,接受社会监督。在自评价与第三方机构现场复核的基础上,将组织专家组对部分项目和单位开展抽查复核工作。

复核报告的撰写应该成立专门的复核评价小组组织开展复核评价工作,对照绩效评价指标体系从项目决策、过程、产出和效益四个方面进行审核评分。所形成的复核报告应该涵盖项目的基本情况（项目概况、项目绩效目标）、绩效评价工作开展情况（绩效评价目的、对象和范围；绩效评价原则、评价指标体系、评价方法、评价标准）、绩效评价情况及评价结论（自评价结论、复核评价结论）、绩效评价指标分析（项目决策情况、项目过程情况、项目产出情况、项目效益情况）、主要经验及做法、存在的问题及原因分析、有关建议、其他需要说明的问题等。

第六节　水利预算项目支出绩效评价规程建议稿及案例分析

本书首先提出了水利预算项目支出绩效评价规程的建议稿，并以水土保持项目为例，重点阐释了水利预算项目支出绩效评价规程和标准化的适用性。

一、建议稿

为更好推进水利预算项目支出绩效评价规程和标准化工作的开展，本书提出了水利预算项目支出绩效评价规程的建议稿，内容包含水利预算项目支出绩效评价的范围、规范引用文件、术语与定义、基本原则、评价指标体系、评价方法和附录等，具体如下：

水利预算项目支出绩效评价规程

前言

本标准参照 GB/T 1.1—2020《标准化工作导则　第 1 部分：标准化文件的结构和起草规则》给出的规则起草。

本标准由×××提出并归口。

本标准起草单位：×××、×××

本标准主要起草人：×××、×××

第五章　推进我国水利预算项目支出绩效评价标准化的制度构建

1. 范围

本标准提供了水利预算项目支出绩效评价的基本原则、评价指标体系和评价方法的指导。

本标准适用于各行业水利预算项目支出绩效评价规范的编制。

2. 规范引用文件

下列文件对于本文件的应用是必不可少的。凡是注日期的引用文件，仅注日期的版本适用于本文件。凡是不注日期的引用文件，其最新版本（包括所有的修改单）适用于本文件。

SL 1—2014《水利技术标准编写规定》

×××

3. 术语与定义

以下术语与定义适用于本文件。

3.1.1　×××

3.1.2　×××

4. 基本原则

4.1　客观性原则

应以水利预算项目的实际情况为基础，以真实可靠、准确的材料、数据和文件得出符合项目客观情况的评价结果。

4.2　一致性原则

应由来自水利工程及相关的行业专家、科研专家等人员组成评价小组开展评价，同一类分领域采用相同的指标体系和评价方法，以保证评价结果与实际情况相符合，避免评价结果出现偏差。

4.3　可验证性原则

应详细记录评价材料、数据、文件等的获取途径、渠道，保留原始的测试数据、材料，保证数据、材料的可溯源性、可验证性。

5. 评价指标体系

5.1　指标体系框架

水利预算项目支出绩效评价指标体系应包括基本要求和评价指标两部

分。其中基本要求宜为定性指标，评价指标宜为定量指标。

定性指标得分按照以下方法评定：根据指标完成情况分为达成年度指标、部分达成年度指标并具有一定效果、未达成年度指标且效果较差三档，分别按照该指标对应分值区间××%-××%（含）、××%-××%（含）、60%-0%合理确定分值。

定量指标得分按照以下方法评定：与年初指标值相比，完成指标值的，记该指标所赋全部分值；对完成值高于指标值较多的，要分析原因，如果是由于年初指标值设定明显偏低造成的，要按照偏离度适度调减分值；未完成指标值的，按照完成值与指标值的比例记分。

5.2 基本要求

a) 预算项目执行过程中应遵守有关法律、法规及国家和地方的相关政策。

b) ×××

c) ×××

5.3 评价指标

5.3.1 指标构成

评价指标由"决策、过程、产出、效益"四大类指标构成。对项目整体支出绩效评价指标逐项进行打分，综合评价项目的决策情况、资金管理和使用情况、相关管理制度办法的健全性及执行情况、实现的产出情况与取得的效益情况，并提出综合评价意见。绩效评价专家组工作人员对打分情况进行统计，取平均值作为各项指标的绩效评价得分。

5.3.2 指标选取

5.3.2.1 决策

5.3.2.2 过程

5.3.2.3 产出

5.3.2.4 效益

5.4 指标选取原则

5.4.1 相关性原则

应当与绩效目标有直接的联系，能够恰当反映目标的实现程度。

5.4.2 重要性原则

应当优先使用最具评价对象代表性、最能反映评价要求的核心指标。

5.4.3 可比性原则

对同类评价对象要设定共性的绩效评价指标，以便于评价结果可以相互比较。

5.4.4 系统性原则

应当将定量指标与定性指标相结合，系统反映财政支出所产生的社会效益、经济效益、环境效益和可持续影响等。

5.4.5 经济性原则

应当通俗易懂、简便易行，数据的获得应当考虑现实条件和可操作性，符合成本效益原则。

5.5 指标计算方法

6. 评价方法

6.1 数据采集

数据收集程序应当保证数据的可靠性，这取决于数据的可获得性、适宜性、科学性、统计的有效性和可验证性等因素。数据的收集应当采用质量控制和质量保证方法，确保获得的数据满足环境绩效评价所需要的类型和质量要求。数据的收集程序应当包括数据和信息的识别、归档、存储、检索和处理等。

6.2 评价等级

指标得分与绩效评价等级的定级转换关系如下表所示：

等级	优	良	中	差
分值范围	90（含）-100	80（含）-90	60（含）-80	0-60

7. 附录

二、案例分析——以水土保持项目为例

根据《项目支出绩效评价管理办法》（财预〔2020〕10号）、《关于印发〈预算绩效评价共性指标体系框架〉的通知》（财预〔2013〕53号）、《关于印发〈中央部门预算绩效目标管理办法〉的通知》（财预〔2015〕88号）以及《水利部财务司关于开展2022年度重点项目和单位整体支出绩效评价工作的通知》（财务预〔2022〕115号）等相关要求与安排，2023年1~3月，水利部成立了绩效评价工作组，在单位自评价、第三方机构（天职国际会计师事务所）复核、组织专家组抽评、水保司派员指导的基础上，从决策、过程、产出、效益四个方面，对水土保持业务项目进行绩效评价，汇总打捆形成了2022年度水土保持业务项目绩效评价报告。具体如下：

（一）基本情况

1. 项目概况

（1）项目背景。水土流失是我国重大的环境问题。严重的水土流失会导致水土资源破坏、生态环境恶化、自然灾害加剧，是我国经济社会可持续发展的突出制约因素。中华人民共和国成立以来，党中央、国务院高度重视水土保持工作。党的十九大明确提出"开展国土绿化行动，推进荒漠化、石漠化、水土流失综合治理"的要求。《中华人民共和国水土保持法》《水利部办公厅关于印发〈水利部流域管理机构生产建设项目水土保持监督检查办法（试行）〉的通知》（办水保〔2015〕132号）规定，流域管理机构在其管辖范围内可以行使国务院水行政主管部门的监督检查职权，在所管辖范围内依法承担水土保持监督管理职责，对生产建设项目水土保持方案的实施情况进行跟踪检查，发现问题及时处理。《全国水土流失动态监测规划（2018—2022年）》（水保〔2018〕35号）要求流域机构通过全面开展水土流失动态监测工作，掌握县级以上（含县级）行政区域的水土流失面积、强度和分布；强化监测数据分析和成果应用，为国家生态文明建设宏观决策、生态安全监测预警、生态文明建设目标评价考核等提供依据。

（2）项目主要内容。水土保持业务项目是一项长期性的工作，主要包括水土保持监督管理、水土保持监测、水土保持遥感监管、淤地坝运行管理、黄土高原地区淤地坝风险隐患排查、高效水土保持植物筛选与示范推广等多项内容，涉及水利部水土保持司（以下简称"部机关"）、水利部黄河水利委员会（以下简称"黄委"）、水利部长江水利委员会（以下简称"长江委"）、水利部淮河水利委员会（以下简称"淮委"）、水利部海河水利委员会（以下简称"海委"）、水利部松辽水利委员会（以下简称"松辽委"）、水利部珠江水利委员会（以下简称"珠委"）、水利部太湖流域管理局（以下简称"太湖局"）、水利部水利水电规划设计总院（以下简称"水规总院"）、综合事业管理局（以下简称"综合局"，包括水利部水土保持监测中心和水利部沙棘开发管理中心）、国际泥沙研究培训中心（以下简称"泥沙中心"）、中国水利水电科学研究院（以下简称"水科院"）共12家单位。

内容1：水土保持监督管理。水土保持监督管理主要包括生产建设项目水土保持监督检查、生产建设项目自主验收核查、生产建设项目水土保持工作公告、组织管理、水土保持法律法规及成果宣传、工程检查、技术资料管理、国家重点工程督查等工作。

内容2：水土保持监测。水土保持监测主要包括水土流失动态监测、水土流失动态变化、水土保持公报与公告编制、监测数据整理汇编、监测评价系统流域节点信息更新维护与共享服务、流域水土保持监测工作组织六方面工作。

内容3：水土保持遥感监管。部机关负责水土保持遥感监管工作，通过公开招投标方式确定承担单位，组织开展覆盖全国的卫星遥感影像解译和判别，初步确定疑似违法违规项目图斑，分省制作核查底图，供相应的水行政主管部门进行现场核查和查处，并汇总各省查处违法违规项目清单。

内容4：淤地坝运行管理。淤地坝运行管理主要为黄土高原地区淤地坝安全运用管理，每年开展一次汛前安全运用检查，汛期派出督查组开展对黄土高原七省（区）淤地坝安全度汛工作进行专项督查，确保淤地坝安全度汛和人民生命安全等，开展黄河流域面上水土保持组织协调管理、南小河沟大型淤地坝工程安全运行管理等。

内容5：黄土高原地区淤地坝风险隐患排查。2021年3月，水利部印发了《水利部办公厅关于开展黄土高原地区中型以上淤地坝风险隐患排查工作的通知》（办水保〔2021〕65号），按照中央、地方事权划分，由各省（区）对辖区内未进行病险坝核实的中型以上淤地坝进行逐坝现场排查，并完善已核实的病险淤地坝资料信息。在此基础上，由黄委代表水利部，组织黄河上中游管理局按照大型坝不少于40%、中型坝不少于20%的比例进行现场抽查复核。

内容6：高效水土保持植物筛选与示范推广。综合局围绕高效水土保持植物资源种植规模、开发利用、市场潜力等信息进行调研，收集流域内不同条件下高效植物资源及其分布、适宜种植立地条件类型、主要功效等资料，同时与当地管理部门、科研部门、推广部门、乡镇以及农户展开多种方式的交流和座谈，完成对其植物资源及其形态、分布、适宜立地条件、开发部位、主要功效等信息的收集、整理和数据分析。

（3）项目实施情况。截至2022年末，水土保持业务项目实际完成扰动图斑解译和判别国土面积957万平方千米，编制《中国水土保持公报》1套，现场监督检查部管在建生产建设项目102个，监督检查国家水土保持重点工程治理县75个，重点监测区域达到425.56万平方千米，暗访督查淤地坝414座，高效水土保持植物资源示范面积达到55亩（1亩≈666.67平方米），现场核实淤地坝工程"一坝一单"2662座；部管在建生产建设项目监督检查意见出具率为100%，高效水土保持植物资源配置示范成活率为85%，监测成果整编入库率为100%；在9月底前编制完成《中国水土保持公报》，在8月底前完成全国水土保持规划实施情况报告，部管在建生产建设项目水土保持督查意见印发时限未超过20个工作日，督查单位报送淤地坝暗访督查报告、整改意见及责任追究建议时限基本未超过15个工作日；所有单位资金使用均未超出预算。

（4）资金投入情况。根据财政部《中央本级项目支出预算管理办法》和年度预算编制要求，本项目开展了2022年项目建议、项目储备、"一上"和"二上"预算申报，编制完成了项目申报书和实施方案。在项目申报过程中，水利部、各单位组织专家进行了多次会审，对经费测算依据的充分性、测算标准的正确性、经费预算与工作内容的匹配性、资金投入和产出的合理性等方面经逐级审核、科学论证后上报财政部。2022年财政部批复本项目预算11681.35万元，其中生产建设项目水土保持监管遥感解译与判别项目1919.88万元，水土保持业务9761.47万元，资金到位率100%（见表5-1）。项目承担单位根据承担的工作内容合理安排资金使用，按项目实施进度、序时进度要求等申请项目资金。

表5-1 2022年度水土保持业务预算批复情况

项目名称		项目承担单位	批复金额（万元）	预算占比（%）
一级项目名称	二级项目名称			
水土保持业务	生产建设项目水土保持监管遥感解译与判别	部机关	1919.88	16.44
	水土保持业务	黄委	3635.91	31.13
		长江委	1573.57	13.47
		淮委	323.44	2.77
		海委	510.94	4.37
		松辽委	757.99	6.49
		珠委	538.69	4.61
		太湖局	300.00	2.57
		水规总院	460.00	3.94
		综合局	1484.37	12.71
		泥沙中心	41.96	0.36
		水科院	134.60	1.15
合计			11681.35	100

（5）资金使用情况。截至2022年12月31日，本项目实际支出11559.22万元，预算执行率为98.43%。项目财政资金专款专用，不存在资金截留、挤占、挪用、虚列支出等情况。

2. 项目绩效目标

（1）总体目标。按照中共中央办公厅、国务院办公厅《关于加强新时代水土保持工作的意见》（以下简称《意见》）要求，全面加强水土流失预防保护，依法严格人为水土流失监管，加快推进水土流失重点治理，提升水土保持管理水平，奋力推动新阶段水土保持高质量发展。《全国水土保持规划（2015—2030年）》提出，到2030年，建成与我国经济社会发展相适应的水土流失综合防治体系，实现全面预防保护，重点防治地区的水土流失得到全面治理，生态实现良性循环。全国新增水土流失治理面积94万平方千米，其中新增水蚀治理面积86万平方千米，中度及以上侵蚀面积大幅减少，风蚀面积有效削减，人为水土流失得到全面防治；林草植被得到全面保护与恢复；年均减少土壤流失量15亿吨，输入江河湖库的泥沙大幅减少。

（2）年度目标。2022年度项目绩效目标如下：

目标1：对流域内部管在建生产建设项目开展水土保持现场监督检查，对违法案件和水土流失纠纷开展调查取证，加强水土流失预防监督。

目标2：强化国家水土保持重点工程监管，对流域内国家水土保持重点工程建设管理情况开展督查与技术指导，对黄土高原地区淤地坝安全度汛开展暗访督查，开展淤地坝风险隐患排查，提升水土保持重点工程建管水平。

目标3：掌握国家级水土流失重点防治区水土流失状况，整编年度水土流失动态监测成果。

目标4：按时发布《中国水土保持公报》，并向社会公开。

目标5：对省级水土流失年度消长情况进行复核，分析掌握全国水土流失年度消长情况。

目标6：开展生产建设项目扰动图斑遥感解译，对扰动图斑进行合规性分析，制作疑似"未批先建""未批先弃""疑似超出防治责任范围"核查底图，供地方进行核查。

目标7：制定全国水土保持规划实施情况考核评估技术细则，综合评价规划实施情况和成效，为水土保持管理提供技术支撑。

目标8：开展高效水土保持植物资源调研，完成高效水土保持植物试验示范工作。

第五章　推进我国水利预算项目支出绩效评价标准化的制度构建

（3）项目绩效指标。根据水利部的统一部署，结合实际情况，项目单位依据项目绩效目标设置了清晰、细化、可衡量的产出数量、质量、时效等绩效指标，并依据年中预算调整情况对绩效指标进行了调整，如表5-2所示。

表5-2　2022年度水土保持业务项目绩效目标

项目名称		水土保持业务	
主管部门及代码	［126］水利部	实施单位	水利部
项目资金（万元）	年度资金总额	11681.35	
	其中：财政拨款	11322.64	
	上年结转	35.1	
	其他资金	323.61	
年度总体目标	目标1：对流域内部管在建生产建设项目开展水土保持现场监督检查，对违法案件和水土流失纠纷开展调查取证，加强水土流失预防监督。 目标2：强化国家水土保持重点工程监管，对流域内国家水土保持重点工程建设管理情况开展督查与技术指导，对黄土高原地区淤地坝安全度汛开展暗访督查，开展淤地坝风险隐患排查，提升水土保持重点工程建管水平。 目标3：掌握国家级水土流失重点防治区水土流失状况，整编年度水土流失动态监测成果。 目标4：按时发布《中国水土保持公报》，并向社会公开。 目标5：对省级水土流失年度消长情况进行复核，分析掌握全国水土流失年度消长情况。 目标6：开展生产建设项目扰动图斑遥感解译，对扰动图斑进行合规性分析，制作疑似"未批先建""未批先弃""疑似超出防治责任范围"核查底图，供地方进行核查。 目标7：制定全国水土保持规划实施情况考核评估技术细则，综合评价规划实施情况和成效，为水土保持管理提供技术支撑。 目标8：开展高效水土保持植物资源调研，完成高效水土保持植物试验示范工作		

绩效指标	一级指标	二级指标	三级指标	指标值
	产出指标	数量指标	暗访督查淤地坝数量（≥**个）	400
			编制《中国水土保持公报》（**份）	1
			部管在建生产建设项目现场监督检查率（≥**%）	10
			高效水土保持植物资源示范面积（**亩）	50

续表

一级指标	二级指标	三级指标	指标值
绩效指标	产出指标	数量指标	国家水土保持重点工程治理县监督检查数量（≥**个）	60
			计划监测区域完成率（≥**%）	100
			计划重点监测区域工作范围（≥**万平方千米）	425
			扰动图斑解译和判别的国土面积（≥**万平方千米）	957
			现场核实工程"一坝一单"数量（≥**座）	1980
		质量指标	部管在建生产建设项目监督检查意见出具率（≥**%）	90
			高效水土保持植物资源配置示范成活率（≥**%）	85
			监测成果整编入库率（≥**%）	95
		时效指标	编制完成《中国水土保持公报》时间节点	9月底前
			部管在建生产建设项目水土保持督查意见印发时限（≤**个工作日）	20
			督查单位报送淤地坝暗访督查报告、整改意见及责任追究建议时限（≤**工作日）	15
			全国水土保持规划实施情况报告完成时间	8月底前
	效益指标	社会效益指标	《中国水土保持公报》是否公开	是
		生态效益指标	促进水土流失综合防治	水土流失得到有效控制
	满意度指标	服务对象满意度指标	管理对象满意度（≥**%）	90

(二) 绩效评价工作开展情况

1. 绩效评价目的、对象和范围

（1）绩效评价目的。深入贯彻落实"全面实施绩效管理"和党中央、国务院加快建成全方位、全过程、全覆盖预算绩效管理体系的要求，按照水利部党组关于加强水利预算绩效管理的总体部署及《水利部部门预算绩效管理暂行办法》（水财务〔2019〕355号）有关要求，进一步强化预算绩效管理链条，构筑安全防线，切实将绩效管理与业务管理充分融合，实现"花钱必问效、无效必问责"，推动预算绩效管理提质增效，不断提升资金资源配置效率效益。

通过对2022年度水土保持业务项目的决策、过程、产出、效益等涉及的项目立项、绩效目标、资金投入、资金管理、组织实施、产出数量、产出质量、项目效益等进行总结分析，切实履行主体责任，进一步规范和加强项目资金管理，实现财政资源的合理优化配置，加快推进水土流失重点治理，提升水土保持管理水平。

（2）绩效评价对象。绩效评价对象为2022年度水土保持业务项目。

（3）绩效评价范围。本项目评价范围为项目承担单位对2022年度水土保持业务项目的绩效管理情况。

2. 绩效评价原则、评价指标体系、评价方法、评价标准

（1）评价原则。本次项目绩效评价工作遵循了以下基本原则：

第一，政策相符，科学规范。本次绩效评价指标体系符合财政部、水利部相关文件要求，全程严格执行文件规定的程序，按照科学可行的原则，采用定量与定性分析相结合的方法实施。

第二，绩效相关，突出重点。针对项目支出及其产出绩效，紧紧抓住决策、过程、产出、效益之间的关系，检查资金的使用效率和效果，体现出绩效相关性。重点突出，评价2022年度绩效目标与预算绩效配置关系，检查资金的使用效率和效果。

第三，可操作性，可复核性。绩效评价工作结合单位实际情况，考虑

现实条件和可操作性，遵循成本效益原则，从可行性出发，选择最能证明其效益效果的证据作为绩效评价的支撑。规范绩效评价工作档案，建立绩效评价档案与评价结论之间的索引勾稽关系，确保每个结论均有支撑依据，经得住各级部门的复查、复核。

（2）评价指标体系。评价指标主要包括项目立项、绩效目标、资金投入、资金管理、组织实施、产出数量、产出质量、项目效益等，包含了对项目的决策、过程、产出、效益等整个运行环节的评价（详见附件①）。

（3）评价方法。本次评价的方法主要包括成本效益分析法、比较法、因素分析法、最低成本法、公众评判法、标杆管理法等，根据评价对象的具体情况，采用一种或多种方法。成本效益分析法是指将投入与产出、效益进行关联性分析的方法。比较法是指将实施情况与绩效目标、历史情况、不同部门和地区同类支出情况进行比较的方法。因素分析法是指综合分析影响绩效目标实现、实施效果的内外部因素的方法。最低成本法是指在绩效目标确定的前提下，成本最小者为优的方法。公众评判法是指通过专家评估、公众问卷及抽样调查等方式进行评判的方法。标杆管理法是指以国内外同行业中较高的绩效水平为标杆进行评判的方法。

（4）评价标准。本项目支出绩效评价主要采用计划标准，即以财政部批复的 2022 年度水土保持业务项目绩效目标、实施计划、收支预算等数据作为评价的标准。

3. 绩效评价工作过程

（1）前期准备。根据水利部财务司印发的绩效评价工作通知要求，2022 年度绩效评价工作采取二级预算单位自评价、第三方机构现场复核及水利部组织专家组抽查复核相结合的方式进行。

（2）组织实施。首先，单位自评价。各相关二级预算单位根据重点项目和单位整体支出绩效评价指标体系和打分办法，组织开展自评价工作。在自评价的基础上，撰写重点项目和单位整体支出自评价报告。其次，第三方机构复核。2023 年 2~3 月，水利部委托第三方机构在二级预算单位自评价的基础上对绩效自评价工作进行复核。通过查阅该项目单位提供的佐证资料，核查各项指标，形成复核底稿，确保每项绩效指标值均有相应佐证资料支撑。最后，专家组抽评。2023年3月，在二级预算单位自评价和第三方机构复核的基础上，组织专家组对淮委、海委、松辽委、太湖局等部分二级预算单位开展了抽评工作，形成了项目绩效评价复核意见和鉴证单。抽评工作坚持"问题导向、目标导向、结果导向"的原则，确保评价结论公平、准确。

（三）综合评价情况及评价结论

1. 综合评价情况

2022年度水土保持业务项目财政支出绩效评价报告介绍了项目背景、项目立项依据、绩效目标、项目预决算情况、项目资金使用及管理情况、组织实施情况；对项目经济性、效率性、有效性和可持续性等绩效情况进行了分析，总结了2022年度主要经验及做法、存在的问题和建议。

评价认为，该项目立项依据充分，立项程序规范，责任明确，制度健全，组织有力，项目资金及时足额到位，财务管理较为规范，项目产出的数量、质量、时效、成本指标完成情况基本达到预期目标，取得了良好的效益，为水土保持监督管理、水土流失动态监测、水土保持遥感监管、淤地坝运行管理、黄土高原地区淤地坝风险隐患排查、高效水土保持植物筛选与示范推广等工作提供了重要技术支撑。

2. 评价结论

依据《财政部关于印发〈项目支出绩效评价管理办法〉的通知》（财预〔2020〕10号）和《水利部财务司关于开展2022年度重点项目及单位整体支出绩效评价工作的通知》（财务预〔2022〕115号）的文件要求，水利部对水土保持业务项目进行客观评价，综合评价得分96.79分，等级为"优"，如表5-3所示。

表 5-3 综合绩效评价得分情况

一级指标	分值（分）	得分（分）	得分率（%）
决策	20	19.61	98.05
过程	20	19.28	96.40
产出	30	29.90	99.67
效益	30	28.00	93.33
合计	100	96.79	96.79

第一，决策指标总分 20 分，评价得分 19.61 分。本项目立项依据充分，符合国家法律法规、国民经济发展规划和相关政策；按照规定的程序申请设立；资金分配依据较充分，资金分配额度较合理，但存在绩效指标实质内容重复、效益指标未能充分体现项目效益等情况。

第二，过程指标总分 20 分，评价得分 19.28 分。资金管理机制健全规范；资金到位及时，资金支出基本合理规范；管理制度较健全，基本有效执行。但个别对外委托管理及资料整合归档管理待进一步加强。

第三，产出指标总分 30 分，评价得分 29.90 分。项目单位均较好地完成了预期的绩效目标，达到了相应的标准要求，且采取了有效的成本节约措施。个别单位还需进一步加强对督查单位报送督查报告、整改意见及责任追究建议的管理。

第四，效益指标总分 30 分，评价得分 28.00 分。项目实施产生了较好的项目效益等，通过发布《中国水土保持公报》有效保障了社会公众的知情权，提升生态文明意识，支撑水土保持工作顺利开展；项目主要从提升水土保持意识、规范工程建设管理以及改善生态环境等多个角度整体促进水土流失综合防治效果，但现有的佐证材料未能充分体现项目当年促进水土流失综合防治的效果；管理对象满意度调查结果显示，满意度均为 100%，但目前满意度调查的开展方式较为简单。

第五章　推进我国水利预算项目支出绩效评价标准化的制度构建

(四) 绩效评价指标分析情况

1. 项目决策情况

（1）项目立项。首先，立项依据充分性。本项目立项符合《中华人民共和国水土保持法》等国家法律法规，以及《全国水土保持规划（2015—2030年）》《全国水土流失动态监测规划（2018—2022年）》《中华人民共和国国民经济和社会发展第十四个五年规划和2035年远景目标纲要》等发展规划以及相关政策要求；符合党中央、国务院重大决策部署；与单位部门职责范围相符，属于部门履职所需；与水利等其他项目对比，水土保持业务项目在内容和绩效等方面具有独特性和唯一性，与相关部门同类项目或部门内部相关项目不重复。"立项依据充分性"得分为5分，得分率为100%。其次，立项程序规范性。各单位根据预算管理相关法律法规和按照《水利部预算项目储备管理办法》（水财务〔2017〕145号）、《财政部关于印发〈中央部门预算绩效目标管理办法〉的通知》（财预〔2015〕88号）的要求，结合工作实际需求编报"2022年度水土保持业务"项目预算，按照"一上""二上"程序逐级上报，审批文件、材料符合要求；项目事前已经过必要的可行性研究、集体决策等程序。"立项程序规范性"得分为5分，得分率为100%。

（2）绩效目标。首先，绩效目标合理性。本项目绩效目标明确；绩效目标与实际工作内容相关；项目预期产出和效果较符合正常的业绩水平；与部门履职和社会发展需要相匹配。但存在项目预期产出和效果未体现年度业绩水平，个别指标的选取与项目年度目标相关性不强等情况。"绩效目标合理性"得分为2.97分，得分率为99%。其次，绩效指标明确性。本项目已将绩效目标细化分解为具体的绩效指标，且与项目目标任务数或计划数相对应。但存在个别绩效目标未体现，个别效益指标较难衡量等情况。"绩效指标明确性"得分为1.7分，得分率为85%。

（3）资金投入。首先，预算编制科学性。2022年，项目预算为11681.35万元。各单位根据《中央本级项目支出预算管理办法》（财预

〔2007〕38号），国家关于政府采购、会议费、差旅费、培训费等相关管理办法，以及《水土保持业务经费定额标准（试行）》（水财务〔2014〕253号）、《水利信息系统运行管理维护定额标准（试行）》等文件编制相关预算，结合项目工作内容、工作任务量以及设置的年度绩效目标，经过财务部门、业务部门以及相关专家的充分论证，编制完成项目支出预算。本项目预算编制经过科学论证；预算按照相关标准编制，额度测算依据较充分；预算确定的项目投资额或资金量与工作任务较匹配。个别费用如办公费、印刷费等在实际工作过程中因工作内容的变化进行了一定的调整，各项调整均及时填报了调整预算支出事项审批单，履行了调整手续。但预算编制依据可进一步细化，个别测算依据不够明确，且存在因疫情等因素导致部分项目资金量与工作任务不匹配的情况。"预算编制科学性"得分为2.97分，得分率为99%。其次，资金分配合理性。2022年，财政部批复水土保持业务项目支出预算11559.22万元，预算资金分配依据较充分，按照相关资金管理办法分配，分配额度合理，且与项目单位实际相适应。但存在受疫情影响，差旅费和劳务费预算等资金分配合理性有待进一步提高的情况。"资金分配合理性"得分为1.97分，得分率为98.5%。

2. 项目过程情况

（1）资金管理。首先，资金到位率。2022年度水土保持业务项目资金批复11681.35万元，实际到位11681.35万元，包括综合局2021年结转资金30.39万元。各单位按照批复预算及实施方案确定工作内容，合理安排资金使用，按项目实施进度、序时进度要求等申请项目资金，资金到位率100%，资金到位时效良好。"资金到位率"得分为2分，得分率为100%。其次，预算执行率。2022年度预算总额11681.35万元，截至2022年12月31日，项目实际支出11559.22万元，预算执行率为98.43%。本项目"预算执行率"得分为3.94分，得分率为98.43%。最后，资金使用合规性。本项目资金使用较符合国家财经法规和财务管理制度以及有关专项资金管理办法的规定，符合项目预算批复和合同规定的用途，资金的拨付有完整的审批程序和手续，不存在资金截留、挤占、挪用、虚列支出等情况，但个别项目单位的对外委托业务管理有待进一步加强。本项目"资金使用合规性"得分为3.94分，得分率为98.5%。

（2）组织实施。首先，管理制度健全性。各单位制定了适用于本单位业务发展需要的财务和业务管理制度，包括预算绩效管理、科技项目管理、差旅费管理、会议费管理、资金支付和报销管理、公务用车管理、专家咨询费及劳务费管理等方面的财务管理制度以及《水土保持遥感监测技术规范》（SL 592—2012）、《土壤侵蚀分类分级标准》（SL 190—2007）、《2022年度水土流失动态监测技术指南》、《径流小区和小流域控制站监测手册》和《风蚀监测点监测手册》等业务管理制度。财务和业务管理制度较完整，内容合法、合规，但个别单位应结合最新文件要求，及时修订相关业务管理制度。"管理制度健全性"得分为4.7分，得分率为94%。其次，制度执行有效性。项目实施基本遵守相关法律法规和水利部相关管理规定；项目支出调整均履行相应手续；项目合同书、验收报告等资料基本齐全并及时归档；项目实施的人员条件、场地设备、信息支撑等基本落实到位。但个别单位合同履行的督促检查以及验收等工作的规范性和细致程度有待进一步提高，项目资料整合归档工作需要进一步加强。"制度执行有效性"得分为4.7分，得分率为94%。

3. 项目产出情况

（1）水土保持监管遥感解译与判别。2022年度扰动图斑解译和判别的国土面积计划完成957万平方千米，实际完成957万平方千米。"扰动图斑解译和判别的国土面积≥957万平方千米"得分为2分，得分率为100%。图5-1所示为2022年遥感监管项目数据成果分析报告及工作总结报告封面。

（2）编制《中国水土保持公报》。2022年综合局编制完成《中国水土保持公报（2021年）》，并经水利部审查后于2022年7月公布。"编制《中国水土保持公报》1份"得分为2分，得分率为100%。"编制完成《中国水土保持公报》时间节点"得分为1分，得分率为100%。图5-2所示为《中国水土保持公报（2021年）》封面。

图 5-1　2022 年遥感监管项目数据成果分析报告及工作总结报告封面

资料来源：笔者拍摄。

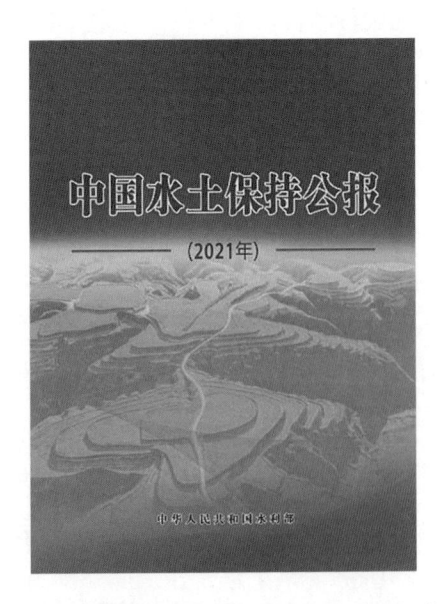

图 5-2　《中国水土保持公报（2021 年）》封面

资料来源：笔者拍摄。

（3）水土保持监督管理。首先，部管在建生产建设项目。各单位部管在建生产建设项目共计 294 个，计划现场检查率为 10%，各单位实际共对 102 个项目开展现场检查，部管在建生产建设项目现场监督检查率为 34.69%（见表 5-4）；各单位对部管在建生产建设项目开展现场及非现场检查工作并出具监督检查意见，监督检查意见出具率为 100%，督查意见印发时限均未超过 20 个工作日。"部管在建生产建设项目现场监督检查率≥10%"得分为 2 分，得分率为 100%；"部管在建生产建设项目监督检查意见出具率≥90%"得分为 3 分，得分率为 100%；"部管在建生产建设项目水土保持督查意见印发时限≤20 个工作日"得分为 2 分，得分率为 100%。

表 5-4 部管在建生产建设项目现场监督检查率

项目承担单位	部管在建生产建设项目（个）	现场检查项目（个）	现场检查率（%）
黄委	45	25	55.56
长江委	83	33	39.76
淮委	27	4	14.81
海委	30	12	40.00
松辽委	26	7	26.92
珠委	50	14	28.00
太湖局	33	7	21.21
合计	294	102	34.69

其次，国家水土保持重点工程。国家水土保持重点工程治理县计划监督检查 68 个，实际检查 75 个（见表 5-5），除个别单位受疫情影响整改反馈不及时外，督查单位报送督查报告、整改意见及责任追究建议时限均不超过 15 个工作日。"国家水土保持重点工程治理县监督检查数量≥68 个"得分为 2 分，得分率为 100%；"督查单位报送淤地坝暗访督查报告、整改意见及责任追究建议时限≤15 个工作日"得分为 0.9 分，得分率为 90%。

表 5-5 国家水土保持重点工程治理县监督检查数量

项目承担单位	计划完成值（个）	实际完成值（个）
黄委	22	22
长江委	15	15
淮委	6	7
海委	5	9
松辽委	6	7
珠委	10	10
太湖局	4	5
合计	68	75

（4）水土流失动态监测。计划重点监测区域为424.37万平方千米，实际完成面积为425.57万平方千米（见表5-6），计划监测区域完成率为100%；2021年监测成果全部整编入库，入库率为100%。"计划重点监测区域工作范围≥424.37万平方千米"得分为1分，得分率为100%；"计划监测区域完成率100%"得分为1分，得分率为100%。

表 5-6 计划重点监测区域工作范围

项目承担单位	计划完成值（万平方千米）	实际完成值（万平方千米）
黄委	150.44	150.44
长江委	110	110
淮委	7.86	7.86
海委	21.66	21.66
松辽委	58.56	58.56
珠委	23.57	24.77
太湖局	4.77	4.77
合计	424.37	425.57

（5）淤地坝运行管理及黄土高原地区淤地坝风险隐患排查。2022 年度黄委计划暗访督查淤地坝 400 座，实际暗访督查 414 座；计划现场核实淤地坝工程"一坝一单"1980 座，实际核实 2662 座。个别督查单位报送淤地坝暗访督查报告、整改意见及责任追究建议超过时限要求。"暗访督查淤地坝数量 400 座"得分为 2 分，得分率为 100%；"现场核实工程'一坝一单'数量 1980 座"得分为 2 分，得分率为 100%。"督查单位报送淤地坝暗访督查报告、整改意见及责任追究建议时限≤15 个工作日"得分为 0.9 分，得分率为 90%。

（6）高效水土保持植物筛选与示范推广。2022 年度综合局计划完成高效水土保持植物资源示范面积 50 亩，实际种植 55 亩，高效水土保持植物资源配置示范成活率为计划的 85%。"高效水土保持植物资源示范面积 50 亩"得分为 1 分，得分率为 100%；"高效水土保持植物资源配置示范成活率≥85%"得分为 1 分，得分率为 100%。

（7）制定 2022 年度全国水土保持规划实施情况评估方案。全国水土保持规划实施情况报告按计划如期在 8 月底前完成，得分为 2 分，得分率为 100%。

（8）成本指标。2022 年度各单位水土保持业务均未超出预算，成本控制情况较好。"成本节约情况"得分为 2 分，得分率为 100%。

4. 项目效益情况

（1）《中国水土保持公报》是否公开。《中国水土保持公报（2021）》（以下简称《公报》）涵盖 2021 年度全国水土流失现状、生产建设项目水土保持监督管理情况及国家水土保持重点工程情况等内容。综合局在水利部网站、水利部水土保持监测中心网站、公众号等平台上将《公报》向社会公开。《公报》的发布，保障了社会公众的知情权、参与权和监督权，能让社会各界比较及时、准确地了解我国水土保持总体情况，更好地关心、支持水土保持工作；有助于生产建设单位履行水土保持法定义务，自觉开展相关工作；同时，为上级部门制定决策、推动水土保持管理工作提供了比较有效的基础支撑保障。本指标得分为 10 分，得分率为 100%。

（2）促进水土流失综合防治。项目主要从提升水土保持意识、规范工程建设管理以及改善生态环境等多个角度，整体促进水土流失综合防治效果。一是开展省级水行政主管部门水土保持监管履职督查，督促指导相关单位依法全面履行水土保持监督管理职责，降低了生产建设项目对生态环境造成破坏的可能性。二是通过在全国范围树立一批水土保持示范样板，以点带面，充分发挥其示范带动作用和科普宣传等功能，提高国家水土保持生态文明工程管理水平。项目的实施起到了改善人居环境的作用，水土流失面积和流失强度双下降，有效推进生态文明建设。但现有的佐证材料，如水土保持监管履职监督检查意见、国家水土保持示范县效益证明及水土保持公报等资料未能充分体现项目当年促进水土流失综合防治的效果。"促进水土流失综合防治"得分为 9 分，得分率为 90%。

（3）管理对象满意度。2022 年度，淮委对督查涉及的山东省、江苏省和安徽省发放了满意度调查表，满意度均为 100%；太湖局联合浙江省厅、地方基层水利部门党组织，与全国首家民营控股高铁杭绍台铁路各参建单位党组织开展五级党建联建共创活动，推进问题整改和水保示范工程创建，得到各主流媒体报道，产生较大影响，管理对象满意度≥90%；珠委征求了云南、贵州、广西、广东、海南五省（区）水利部门对水土保持工作的评价情况，管理对象满意度均为 100%；长江委对西藏、贵州、湖北、海南、江西、四川及重庆等多地开展满意度调查，调查结果显示，满意度均为 100%；黄委对项目流域所涉及青海、甘肃、宁夏、内蒙古、陕西、山西、河南、山东、新疆和新疆生产建设兵团等省级水行政主管单位开展满意度调查，调查结果显示，满意度均为 100%。但目前满意度调查的开展方式均为问卷调查，且问卷设计基本为工作内容对应满意程度，结构较为简单。满意度调查的方式和内容可进一步丰富；此外，受疫情影响，个别单位未对管理对象开展满意度调查。"管理对象满意度"得分为 9 分，得分率为 90%。

（五）主要经验及做法、存在的问题及原因分析

1. 主要经验及做法

（1）科学编制实施方案。根据流域机构管理职责和流域水土保持工作的实际需求，研究确定年度工作目标、主要任务、重点工作等，明确和落实部门人员的工作职责，细化工作内容和技术路线，确保年度实施方案具有可执行性。根据实施方案的内容制订了水土保持年度工作计划，做到年度工作计划目标和任务明确，为工作顺利实施提供了有力的保障。

（2）严格把控成果质量。科学、有效的质量控制措施是提高成果质量的保障。在项目实施中，认真执行《全国水土流失动态监测规划（2018—2022年）》和实施方案提出的任务要求，按照《水土保持遥感监测技术规范》（SL 592—2012）、《土壤侵蚀分类分级标准》（SL 190—2007）、《2022年度水土流失动态监测技术指南》、《径流小区和小流域控制站监测手册》和《风蚀监测点监测手册》等国家有关技术规范、标准开展监测，各项任务均明确了技术规定，确保项目成果满足水土流失综合防治和政府决策的需要。

（3）有效融合信息技术。积极运用地理信息、遥感、无人机、移动终端等信息化技术和工具，逐步形成卫星遥感问题初判、现场核实确认、无人机调查取证、信息系统互联互通的监管模式，有效提升监管信息化水平。利用全国水土保持信息管理系统，及时掌握项目管理情况、水土保持方案及批复文件、监测报告、检查意见、整改报告、验收材料等，实现全流程数据信息化管理。

2. 存在的问题及原因分析

（1）个别单位预算编制科学性有待进一步加强。个别单位存在经济科目测算时不够细化、工作开展与资金支出要求不匹配及经费紧张等问题。如委托业务费、其他交通费等科目的经费测算依据有待进一步明确细化，受疫情影响，部分项目资金与工作任务不匹配；个别需集中开展的工作与预算执行序时进度的要求不一致，如国家水土保持重点工程治理县检查工

作；水土保持业务整体工作任务繁重，如水土保持监督检查、水土流失监测等任务外业调查量大面广，环境因素和遥感影像的获取时间易影响工作进度。

原因分析：预算编制缺乏预见性，且科学性、准确性不够，个别经济科目测算时不够细化，影响了预算执行的序时进度。

（2）项目效益整体情况有待进一步体现。个别单位提供的佐证材料未能充分体现本年水土流失综合防治的促进作用，项目产生的完整效益有待进一步总结提炼。

原因分析：个别单位资料收集整理不够全面，对于项目效益证明材料的理解不完全一致，影响项目效益情况的完整体现。

（3）个别绩效指标设置有待进一步完善。绩效指标从共性指标库中选定，个别指标考核内容重复性较高，需进一步优化，如"全国水土保持监测点检查个数"和"全国水土保持监测点年度计划检查完成率"考核内容均为全国水土保持监测点检查完成情况；同时，项目绩效目标预期产出和效果未体现年度业绩水平；此外，个别效益指标较难衡量，如"促进水土流失综合防治"。

原因分析：个别绩效指标设置与该项目承担单位实际情况衔接不够紧密，造成个别绩效指标较难衡量或考核内容重复，影响了项目工作成果的展现。

（六）有关建议

（1）进一步强化预算管理约束力。加强全链条全过程监管，进一步结合相关管理规定，优化细化预算编制。结合历年资金使用情况及支出标准，对项目所需预算进行科学测算，提高预算编制的科学性、准确性、合理性，确保预算执行序时进度。

（2）进一步深化项目效益内容。加强生产建设项目水土保持方案实施情况跟踪检查，持续开展水土流失动态监测。强化水土保持宣传教育，强化示范创建和先行区建设引领带动作用，丰富佐证材料与调查形式，加强

第五章　推进我国水利预算项目支出绩效评价标准化的制度构建

对工作成果的整合汇总，客观、全面地体现项目的效益情况。

（3）进一步合理设置指标体系。根据项目年度目标及该项目承担单位特点进一步设置科学、合理的三级绩效指标，量化效益目标，提升绩效指标的可衡量性。

（七）其他需要说明的问题

无。

附件：
①2022年度水土保持业务项目绩效评价指标体系及评分表；
②2022年度水土保持业务（打捆）项目绩效目标指标完成情况对照表。

附件①

2022年度水土保持业务项目绩效评价指标体系及评分表

一级指标	分值	二级指标	分值	三级指标	分值	指标解释和评价要点	计划指标值	实际完成值	评价标准	得分
决策	20	项目立项	10	立项依据充分性	5	指标解释：项目立项是否符合法律法规、相关政策、发展规划、部门职责以及党中央、国务院重大决策部署，用以反映和考核项目立项依据情况。评价要点：①项目立项是否符合国家法律法规、国民经济发展规划、行业发展规划以及相关政策要求；②项目立项是否符合党中央、国务院重大决策部署；③项目立项是否与部门职责范围相符，属于部门履职所需；④项目是否属于公共财政支持范围，是否符合中央与地方事权支出责任划分原则；⑤项目是否与相关项目或部门内部同类项目重复	—	—	评价要点①~④标准分各1分：符合评价要点要求的得［0.8~1］分；较符合评价要点要求的得［0.6~0.8）分；不够符合评价要点要求的得［0~0.6）分。评价要点⑤标准分为1分：项目与相关部门或部门内部相关项目同类项目无交叉重叠的得1分；项目与相关部门或部门内部相关项目存在交叉重叠的得0分	5

第五章 推进我国水利预算项目支出绩效评价标准化的制度构建

续表

一级指标	分值	二级指标	分值	三级指标	分值	指标解释和评价要点	计划指标值	实际完成值	评价标准	得分
决策	20	项目立项	10	立项程序规范性	5	指标解释：项目申请、设立过程是否符合相关要求，用以反映和考核项目立项的规范情况。评价要点：①项目是否按照规定规范的程序申请设立；②审批文件、材料是否符合相关要求；③事前是否经过必要的可行性研究、专家论证、风险评估、绩效评估、集体决策	—	—	评价要点①②标准分各1分：符合评价要点要求的得[0.8~1]分；较符合评价要点要求的得[0.6~0.8]分；不够符合评价要点要求的得[0~0.6]分。评价要点③标准分3分：事前必要程序规范的得[2.4~3]分；事前必要程序较规范的得[1.8~2.4]分；事前必要程序不够规范的得[0~1.8]分。	5
		绩效目标	5	绩效目标合理性	3	指标解释：项目所设定的绩效目标是否依据充分，是否符合客观实际，用以反映项目绩效目标实施的相符情况。评价要点：①项目目标与实际工作内容是否具有相关性；②项目预期产出和效果是否与预算相符；③是否与部门履职和社会发展需要相匹配	—	—	评价要点①~③标准分各1分：符合评价要点要求的得[0.8~1]分；较符合评价要点要求的得[0.6~0.8]分；不够符合评价要点要求的得[0~0.6]分。	2.97

147

续表

一级指标	分值	二级指标	分值	三级指标	分值	指标解释和评价要点	计划指标值	实际完成值	评价标准	得分
决策	20	绩效目标	5	绩效指标明确性	2	指标解释：依据绩效目标设定的绩效指标是否清晰、细化、可衡量等，用以反映和考核项目绩效目标的明细化情况。评价要点：①是否将项目绩效目标细化分解为具体的绩效指标；②是否通过清晰、可衡量的指标值予以体现；③是否与项目目标任务数或计划数相对应	—	—	评价要点①标准分为1分：将项目绩效目标细化分解为具体的绩效指标的得1分；未将项目绩效指标分解为具体的得0分。评价要点②③标准分共1分：符合评价要点要求的得 [0.8~1] 分；较符合评价要点要求的得 [0.6~0.8] 分；不够符合评价要点要求的得 [0~0.6] 分	1.7
		资金投入	5	预算编制科学性	3	指标解释：项目预算编制是否经过科学论证，有明确标准，资金额度与年度目标是否相适应，用以反映和考核项目预算编制的科学性、合理性情况。评价要点：①预算内容与项目内容是否匹配；②预算依据是否充分，是否按照标准编制；③预算额度测算与考核项目预算编制是否匹配；④项算确定的项目投资额或资金量是否与工作任务相匹配	—	—	评价要点①~④共计3分，根据评价要点总体赋分：符合评价要点要求的得 [2.4~3] 分；较符合评价要点要求的得 [1.8~2.4] 分；不够符合评价要点要求的得 [0~1.8] 分	2.97

148

第五章 推进我国水利预算项目支出绩效评价标准化的制度构建

续表

一级指标	分值	二级指标	分值	三级指标	分值	指标解释和评价要点	计划指标值	实际完成值	评价标准	得分
决策	20	资金投入	5	资金分配合理性	2	指标解释：项目预算资金分配是否有测算依据，与项目单位实际预算分配是否相适应，用以反映预算资金分配的科学性、合理性情况 评价要点：①预算资金分配依据是否充分；②资金分配额度是否合理，是否按照相关资金管理办法分配，与项目单位实际是否相适应	—	—	评价要点①②标准分各1分： 符合评价要点要求的得 [0.8~1] 分； 较符合评价要点要求的得 [0.6~0.8] 分；不够符合评价要点要求的得 [0~0.6] 分	1.97
过程	20	资金管理	10	资金到位率	2	指标解释：实际到位资金与预算资金的比率，用以反映和考核资金落实情况对项目实施的总体保障程度 资金到位率=实际到位资金/预算资金×100% 实际到位资金指一定时期（本年度或项目预算内容实施具体项目的资金 预算资金指一定时期（本年度或项目预算内容实施具体项目的资金 评价要点：指资金下达到末级预算单位是否足额	—	—	得分=资金到位率×2分，超过2分按2分计	2

149

续表

一级指标	分值	二级指标	分值	三级指标	分值	指标解释和评价要点	计划指标值	实际完成值	评价标准	得分
过程	20	资金管理	10	预算执行率	4	指标解释：项目预算资金是否按照计划执行，用以反映和考核项目预算执行情况 预算执行率＝实际支出资金/实际到位资金×100% 实际支出资金指一定时期（本年度或项目期）内项目实际拨付的资金 评价要点：截至实施周期末资金实际支出比例情况	—	—	（1）预算执行率≥60%，得分＝预算执行率×4分，超过4分的按4分计； （2）预算执行率<60%，不得分	3.94
				资金使用合规性	4	指标解释：项目资金使用是否符合相关的财务管理制度规定，用以反映和考核项目资金的规范运行情况 评价要点：①是否符合国家财经法规和财务管理制度以及有关专项资金管理办法的规定；②资金的拨付是否有完整的审批程序和手续；③是否符合项目预算批复或合同规定的用途；④是否存在截留、挤占、挪用、虚列支出等情况	—	—	评价要点①~④标准分共4分，每出现1个与评价要点要求不符合的问题扣1分，扣完为止	3.94

150

第五章　推进我国水利预算项目支出绩效评价标准化的制度构建

续表

一级指标	分值	二级指标	分值	三级指标	分值	指标解释和评价要点	计划指标值	实际完成值	评价标准	得分
过程	20	组织实施	10	管理制度健全性	5	指标解释：项目实施单位的财务和业务管理制度是否健全，用以反映和考核财务管理制度对项目顺利实施的保障情况 评价要点：①是否已制定或具有相应的财务和业务管理制度；②财务和业务管理制度是否完整、合法、合规	—	—	评价要点①标准分为2分： 项目实施单位制定或具有相应的财务和业务管理制度的得 [1.6~2] 分；具备财务或业务管理制度其中一种的得 [1.2~1.6] 分；不具备财务和业务管理制度的得 [0~1.2] 分 评价要点②标准分为3分： 符合评价要点要求的得 [2.4~3] 分；较符合评价要点要求的得 [1.8~2.4) 分；不够符合评价要点要求的得 [0~1.8) 分	4.7
				制度执行有效性	5	指标解释：项目实施是否符合相关管理规定，用以反映和考核相关管理制度的有效执行情况 评价要点：①是否遵守相关法律法规和相关管理规定；②项目调整及支出调整手续是否完备；③项目合同书、验收报告、技术鉴定等资料是否齐全并及时归档；④项目实施的人员条件、场地设备、信息支撑等是否落实到位	—	—	评价要点①标准分为2分： 符合评价要点要求的得 [1.6~2] 分；较符合评价要点要求的得 [1.2~1.6) 分；不够符合评价要点要求的得 [0~1.2) 分 评价要点②~④标准分各1分： 符合评价要点要求的得 [0.8~1] 分；较符合评价要点要求的得 [0.6~0.8) 分；不够符合评价要点要求的得 [0~0.6) 分 以上评价标准对于发现的同一问题不重复扣分	4.7

151

续表

一级指标	分值	二级指标	分值	三级指标	分值	指标解释和评价要点	计划指标值	实际完成值	评价标准	得分
产出	30	产出数量	15	扰动图斑解译和判别的国土面积（万平方千米）	2	指标解释：项目各项产出的实际完成率，即项目实施的实际产出数与计划产出数的比率，用以反映和考核项目产出目标的实现程度 实际完成率=实际产出数/计划产出数×100% 项目产出数指一定时期（本年度或项目期）内计划产出数指项目绩效目标确定的在一定时期（本年度或项目期）内计划产出的产品或提供的服务数量 评价要点：项目实施周期内各项产出完成情况	957	957	得分=实际完成率×2分，超过2分的按2分计	2
				编制《中国水土保持公报》（份）	2	指标解释：项目各项产出的实际完成率，即项目实施的实际产出数与计划产出数的比率，用以反映和考核项目产出目标的实现程度 实际完成率=实际产出数/计划产出数×100% 项目产出数指一定时期（本年度或项目期）内计划产出数指项目绩效目标确定的在一定时期（本年度或项目期）内计划产出的产品或提供的服务数量 评价要点：项目实施周期内各项产出完成情况	1	1	得分=实际完成率×2分，超过2分的按2分计	2

152

第五章 推进我国水利预算项目支出绩效评价标准化的制度构建

续表

一级指标	分值	二级指标	分值	三级指标	分值	指标解释和评价要点	计划指标值	实际完成值	评价标准	得分
产出	30	产出数量	15	部管在建生产建设项目现场监督检查率	2	指标解释：项目各项产出的实际完成率，即项目实施的实际产出数与计划产出数的比率，用以反映项目考核项目产出数的实现程度 实际完成率=实际产出数÷计划产出数×100% 项目实际产出数指的产出数量（本年度或项目期）内计划产出数指项目绩效项目目标确定的在一定时期内计划产出的产品或服务数量 评价要点：项目实施周期内各项产出完成情况	10%	34.69%	得分=实际完成率×2分，超过2分的按2分计	2
				国家水土保持重点工程治理县监督检查数量	2	指标解释：项目各项产出的实际完成率，即项目实施的实际产出数与计划产出数的比率，用以反映项目考核项目产出数的实现程度 实际完成率=实际产出数÷计划产出数×100% 项目实际产出数指的产出数量（本年度或项目期）内计划产出数指项目绩效项目目标确定的在一定时期内计划产出的产品或服务数量 评价要点：项目实施周期内各项产出完成情况	68	75	得分=实际完成率×2分，超过2分的按2分计	2

153

续表

一级指标	分值	二级指标	分值	三级指标	分值	指标解释和评价要点	计划指标值	实际完成值	评价标准	得分
产出	30	产出数量	15	计划重点监测工作区域范围（万平方千米）	1	指标解释：项目各项产出的实际完成率，即项目实施的实际产出数与计划产出数的比率，用以反映和考核项目产出数量目标的实现程度 实际完成率＝实际产出数／计划产出数×100% 实际产出数指一定时期（本年度或项目期）内项目实际产出的产品或绩效指标确定的在一定时期（本年度或项目期）内计划产出的产品或提供的服务数量 评价要点：项目实施周期内各项产出完成情况	424.37	425.57	得分＝实际完成率×1分，超过1分的按1分计	1
				暗访督查淤地坝数量（座）	2	指标解释：项目各项产出的实际完成率，即项目实施的实际产出数与计划产出数的比率，用以反映和考核项目产出数量目标的实现程度 实际完成率＝实际产出数／计划产出数×100% 实际产出数指一定时期（本年度或项目期）内项目实际产出的产品或绩效指标确定的在一定时期（本年度或项目期）内计划产出的产品或提供的服务数量 评价要点：项目实施周期内各项产出完成情况	400	414	得分＝实际完成率×2分，超过2分的按2分计	2

第五章 推进我国水利预算项目支出绩效评价标准化的制度构建

续表

一级指标	分值	二级指标	分值	三级指标	分值	指标解释和评价要点	计划指标值	实际完成值	评价标准	得分
产出	30	产出数量	15	高效水土保持植物资源示范面积（亩）	1	指标解释：项目各项产出的实际完成率，即项目实施的实际产出数与计划产出数的比率，用以反映和考核项目产出目标的实现程度 实际完成率＝实际产出数/计划产出数×100% 实际产出数指一定时期（本年度或项目期）内项目实施产出的产品或绩效目标提供的服务数量 计划产出数指项目绩效目标确定的在一定时期（本年度或项目期）内计划产出的产品或提供的服务数量 评价要点：项目实施周期内各项产出完成情况	50	55	得分＝实际完成率×1分，超过1分按1分计	1
				现场核实工程"一坝一单"数量（座）	2	指标解释：项目各项产出的实际完成率，即项目实施的实际产出数与计划产出数的比率，用以反映和考核项目产出目标的实现程度 实际完成率＝实际产出数/计划产出数×100% 实际产出数指一定时期（本年度或项目期）内项目实施产出的产品或绩效目标提供的服务数量 计划产出数指项目绩效目标确定的在一定时期（本年度或项目期）内计划产出的产品或提供的服务数量 评价要点：项目实施周期内各项产出完成情况	1980	2662	得分＝实际完成率×2分，超过2分按2分计	2

155

续表

一级指标	分值	二级指标	分值	三级指标	分值	指标解释和评价要点	计划指标值	实际完成值	评价标准	得分
产出	30	产出数量	15	计划监测区域完成率	1	指标解释：项目各项产出的实际完成率，即项目实施的实际产出数与计划产出数量的比率，用以反映和考核项目产出数量目标的实现程度 实际完成率＝实际产出数÷计划产出数×100% 评价要点：项目实施周期（本年度或项目期）内实际产出数指一定时期（本年度或项目期）内项目实际产出的产品或提供的服务目标数目实指项目绩效指标确定的在一定时期（本年度或项目期）内计划产出的产品或应提供的服务数数量	100%	100%	得分＝实际完成率×1分，超过1分的按1分计	1
		产出质量	7	部管在建生产建设项目监督检查意见具出率	3	指标解释：用以反映和考核项目产出的绩效目标，对项目质量达标情况进行评价的实现程度 评价要点：对照实际批复的绩效目标，对项目质量达标情况进行评价	≥90%	100%	(1) 达到既定标准的得 [2.4~3] 分； (2) 未达到既定标准，偏差在5%以内的得 [1.8~2.4] 分； (3) 未达到既定标准，偏差在5%以上的得 [0~1.8] 分	3
				高效水土保持植物资源配置示范成活率	1	指标解释：用以反映和考核项目产出质量目标的实现程度 评价要点：对照实际批复的绩效目标，对项目质量达标情况进行评价	≥85%	85%	(1) 达到既定标准的得 [0.8~1] 分； (2) 未达到既定标准，偏差在5%以内的得 [0.6~0.8] 分； (3) 未达到既定标准，偏差在5%以上的得 [0~0.6] 分	1

第五章　推进我国水利预算项目支出绩效评价标准化的制度构建

续表

一级指标	分值	二级指标	分值	三级指标	分值	指标解释和评价要点	计划指标值	实际完成值	评价标准	得分
产出	30	产出质量	7	监测成果整编入库率	3	指标解释：用以反映和考核项目产出质量目标的实现程度 评价要点：对照实际地复核项目的绩效目标，对项目质量达标情况进行评价	≥95%	100%	(1) 达到既定标准的得 [2.4~3] 分； (2) 未达到既定标准，偏差在5%以内的得 [1.8~2.4] 分； (3) 未达到既定标准，偏差在5%以上的得 [0~1.8] 分	3
		产出时效	6	编制完成《中国水土保持公报》时间节点	1	指标解释：项目实际完成时间与计划完成时间的比较，用以反映时间产出时效目标的实现程度 实际完成时间指该单位完成或该项目实际所耗用的时间 计划完成时间指项目所需的时间 评价要点：项目是否按计划进度完成各阶段工作任务	9月底前	9月底前	(1) 9月底前完成的得 [0.8~1] 分； (2) 9月底至10月底内完成的得 [0.6~0.8] 分； (3) 10月底以后完成的得 [0~0.6] 分	1
				全国水土保持规划实施情况报告完成时间	2	指标解释：项目实际完成时间与计划完成时间的比较，用以反映时间产出时效目标的实现程度 实际完成时间指该单位完成或该项目实际所耗用的时间 计划完成时间指项目所需的时间 评价要点：项目是否按计划进度完成各阶段工作任务	8月底前	8月底前	(1) 8月底前完成的得 [1.6~2] 分； (2) 8月底至9月底内完成的得 [1.2~1.6] 分； (3) 9月底以后完成的得 [0~1.2] 分	2

157

续表

一级指标	分值	二级指标	分值	三级指标	分值	指标解释和评价要点	计划指标值	实际完成值	评价标准	得分
产出	30	产出时效	6	部署在建生产建设项目水土保持督查意见印发时限	2	指标解释：项目实际完成时间与计划完成时间的比较，用以反映和考核项目产出时效实现程度。实际完成时间指项目实施单位完成该项目实际所耗用的时间；计划完成时间指按照项目实施计划或相关规定完成该项目所需的时间。评价要点：项目是否按计划进度完成各阶段工作任务	≤20个工作日	≤20个工作日	（1）≤20个工作日完成的得[1.6~2]分；（2）20（不含）~25个工作日内完成的得[1.2~1.6]分；（3）超过25个工作日完成的得[0~1.2]分	2
				督查单位报送淤地坝暗访督查报告、整改意见及责任追究建议时限	1	指标解释：项目实际完成时间与计划完成时间的比较，用以反映和考核项目产出时效实现程度。实际完成时间指项目实施单位完成该项目实际所耗用的时间；计划完成时间指按照项目实施计划或相关规定完成该项目所需的时间。评价要点：项目是否按计划进度完成各阶段工作任务	≤15个工作日	个别单位报送时限超期	（1）≤15个工作日完成的得[0.8~1]分；（2）15（不含）~20个工作日内完成的得[0.6~0.8]分；（3）超过20个工作日完成的得[0~0.6]分	0.9

第五章　推进我国水利预算项目支出绩效评价标准化的制度构建

续表

一级指标	分值	二级指标	分值	三级指标	分值	指标解释和评价要点	计划指标值	实际完成值	评价标准	得分
产出	30	产出成本	2	成本节约情况	2	指标解释：完成项目计划工作目标是否采取了有效的措施节约成本 评价要点：项目成本节约情况	不超出预算	未超出预算	(1) 成本节约情况良好的得 [1.6~2] 分； (2) 成本节约情况较好的得 [1.2~1.6) 分； (3) 成本节约情况较差的得 [0~1.2) 分	2
效益	30	项目效益	30	《中国水土保持公报》是否公开	10	指标解释：项目实施所产生的经济效益、社会效益、生态效益，可持续影响等 评价要点：评价项目实施效益的显著程度	是	是	(1) 《中国水土保持公报》公开的得10分； (2) 《中国水土保持公报》未公开的得0分	10
				促进水土流失综合防治	10	指标解释：项目实施所产生的经济效益、社会效益、生态效益，可持续影响等 评价要点：评价项目实施效益的显著程度	水土流失得到有效控制	水土流失得到比较有效控制	(1) 水土流失得到有效控制的得 [8~10] 分； (2) 水土流失得到较有效控制的得 [6~8) 分； (3) 水土流失控制不够有效的得 [0~6) 分	9
				管理对象满意度	10	指标解释：管理对象对项目实施效果的满意程度，一般采取社会调查或访谈等方式 评价要点：评价管理对象对项目实施的满意程度	≥90%	100%	(1) 满意度≥90%，得10分； (2) 90%>满意度≥60%，得分=满意度/90%×10分； (3) 满意度<60%的不得分	9
得分合计										96.79

资料来源：笔者根据工作中的实际案例编制。

159

附件②

2022 年度水土保持业务（打捆）绩效目标指标完成情况对照表

一级指标	二级指标	三级指标	批复指标值	实际完成值
产出指标	数量指标	暗访督查淤地坝数量（≥**个）	400	414
		编制《中国水土保持公报》（**份）	1	1
		部管在建生产建设项目现场监督检查率（≥**%）	10	34.69
		高效水土保持植物资源示范面积（**亩）	50	55
		国家水土保持重点工程治理县监督检查数量（≥**个）	68	75
		计划监测区域完成率（≥**%）	100	100
		计划重点监测区域工作范围（≥**万平方千米）	424.37	425.57
		扰动图斑解译和判别的国土面积（≥**万平方千米）	957	957
		现场核实工程"一坝一单"数量（≥**座）	1980	2662
	质量指标	部管在建生产建设项目监督检查意见出具率（≥**%）	90	100
		高效水土保持植物资源配置示范成活率（≥**%）	85	85
		监测成果整编入库率（≥**%）	95	100
	时效指标	编制完成《中国水土保持公报》时间节点	9月底前	9月底前
		部管在建生产建设项目水土保持督查意见印发时限（≤**个工作日）	20	20
		督查单位报送淤地坝暗访督查报告、整改意见及责任追究建议时限（≤**工作日）	15	个别单位报送时限超期
		全国水土保持规划实施情况报告完成时间	8月底前	8月底前

续表

一级指标	二级指标	三级指标	批复指标值	实际完成值
效益指标	社会效益指标	《中国水土保持公报》是否公开	是	是
	生态效益指标	促进水土流失综合防治	水土流失得到有效控制	水土流失得到比较有效控制
满意度指标	服务对象满意度指标	管理对象满意度（≥ ** %）	90	100

资料来源：笔者根据工作中的实际案例编制。

参考文献

[1] 谷彩虹. 水利项目支出预算管理绩效评价 [J]. 现代国企研究, 2017（10）：164.

[2] 刘明, 欧阳华生. 深化政府预算绩效管理改革：问题、思路与对策 [J]. 当代财经, 2010（4）：35-41.

[3] 罗广琴. 如何提升水利预算精细化管理 [J]. 农村经济与科技, 2021, 32（2）：80-81.

[4] 马蔡琛, 赵笛. 大数据时代的预算绩效指标框架建设 [J]. 中央财经大学学报, 2019（12）：3-12.

[5] 马国贤. 预算绩效评价与绩效管理研究 [J]. 财政监督, 2011（1）：18-22.

[6] 马海涛, 孙欣. 预算绩效评价结果应用研究 [J]. 中央财经大学学报, 2020（2）：3-17.

[7] 钱水祥, 毕诗浩, 王健宇. 全面实施水利预算绩效管理实践思考 [J]. 中国水利, 2018（14）：34-36+28.

[8] 钱水祥, 陈卓. 基本科研业务费绩效评价指标体系构建及应用 [J]. 地方财政研究, 2021（2）：66-75.

[9] 钱水祥, 王怀通, 高雅楠. 强化水利预算项目管理的对策与思考 [J]. 中国水利, 2019（23）：59-61.

[10] 钱水祥, 王健宇, 毕诗浩, 关欣, 王宾. 水利预算绩效管理实践探索与改革路径研究 [M]. 北京：经济管理出版社, 2021.

[11] 钱水祥, 王健宇, 王怀通, 关欣, 毕诗浩. 全过程水利预算项

目管理的实践与思考［J］. 中国水利, 2017（10）: 44-47.

［12］钱水祥. 政府投资项目全生命周期绩效审计评价模型研究［J］. 社会科学战线, 2014（4）: 57-62.

［13］宋橄. 水利财政资金预算绩效管理现状与建议［J］. 中国水利, 2014（14）: 61-62.

［14］孙欣, 马海涛. 我国预算绩效评价结果应用: 主要模式、问题及对策［J］. 经济研究参考, 2019（11）: 5-17.

［15］孙玉栋, 席毓. 全覆盖预算绩效管理的内容建构和路径探讨［J］. 中国行政管理, 2020（2）: 29-37.

［16］万雨龙, 谢军. 基于标准化建立养老服务质量评价指标体系研究［J］. 标准科学, 2014（6）: 31-35.

［17］王泽彩. 预算绩效管理: 新时代全面实施绩效管理的实现路径［J］. 中国行政管理, 2018（4）: 6-12.

［18］吴海英. 标准化的经济效益评价［J］. 统计与决策, 2005（13）: 31.

［19］吴畏, 李军, 王萌, 张亮, 赵婧. 绩效评价标准化的探索及应用［J］. 天津经济, 2019（8）: 36-41+50.

［20］夏先德. 全过程预算绩效管理机制研究［J］. 财政研究, 2013（4）: 11-16.

［21］于爱华, 齐莹, 王建文. 财政专项水利标准化预算项目绩效评价指标设置探析［J］. 水利技术监督, 2014, 22（6）: 1-4+10.

［22］苑斌. 水利预算绩效管理问题研究［J］. 经济与管理, 2011, 25（11）: 43-46.

［23］张罗漫, 黄丽娟, 贺佳, 夏结来. 综合评价中指标值标准化方法的探讨［J］. 中国卫生统计, 1994（4）: 1-4.

［24］张强, 张定安. 以绩效目标为抓手全面实施预算绩效管理［J］. 中国行政管理, 2018（11）: 1-3.

［25］张微. 谈水利项目支出预算管理绩效评价［J］. 新疆金融, 2006

（10）：47.

［26］中国人民银行长沙中心支行课题组. 关于建立我国中央银行财务监督标准化体系的思考［J］. 金融会计，2016（11）：29-34.

［27］周建伟. 地方政府标准化预算绩效评价指标体系构建［J］. 经济视角，2015（2）：47-49.

［28］朱立言. 从绩效评估走向绩效管理——美国经验和中国实践［J］. 行政论坛，2008（2）：37-41.

［29］卓越，徐国冲. 绩效标准：政府绩效管理的新工具［J］. 中国行政管理，2010（4）：20-23.

附　录

附录一　单位绩效自评体系

根据第五章第二节第一小节、第五章第三节第一小节、第五章第五节第一小节等关于水利预算项目绩效自评的相关描述，本书给出了部门绩效评价取值的指标体系和相关取值权重（见附表A）。

附表 A 项目支出部门评价打分体系及评价标准

一级指标	分值	二级指标	分值	三级指标	分值	指标解释	评价要点	评价标准	得分	备注
决策	20	项目立项	10	立项依据充分性	5	重点考核项目立项是否符合法律法规、相关政策、发展规划，以及党以及反映大决策和部门职责，国务院重大决策部署，用以反映和考核项目立项依据的相符情况	①项目立项是否符合国家法律法规、国民经济发展规划、行业发展规划以及相关政策要求；②项目立项是否符合党中央、国务院重大决策部署；③项目立项是否与部门相符，是否属于部门职责范围所需；④项目是否属于公共财政支持范围，是否符合中央与地方事权划分原则；⑤项目是否与部门相关项目重复	评价要点①~④标准分各 1 分，符合评价要点要求的得 [0.8~1] 分；较符合评价要点要求的得 [0.6~0.8) 分；不够符合评价要点要求的得 [0~0.6) 分。评价要点⑤标准分为 1 分，项目与相关部门同类项目或部门内部同类项目无交叉重叠的得 1 分；项目与相关部门同类项目或部门内部项目存在交叉重复的得 0 分		
		立项程序规范性	5	重点考核项目申请设立过程是否符合相关要求，用以反映和考核项目立项规范情况	①项目是否按照规定的程序申请设立；②审批文件、材料是否符合相关要求；③事前是否经过必要的可行性研究、专家论证、风险评估、绩效评估、集体决策	评价要点①②标准分各 1 分，符合评价要点要求的得 [0.8~1] 分；较符合评价要点要求的得 [0.6~0.8) 分；不够符合评价要点要求的得 [0~0.6) 分。评价要点③标准分为 3 分，事前必要程序规范的得 [2.4~3] 分；事前必要程序较规范的得 [1.8~2.4) 分；事前必要程序不够规范的得 [0~1.8) 分		
		绩效目标	5	绩效目标合理性	3	重点考核项目所设定的绩效目标依据是否充分，是否符合客观实际，用以反映和考核项目绩效目标与项目实施的相符情况	①项目是否有绩效目标；②项目绩效目标与项目内容是否具有相关性；③项目预期产出和效果是否符合正常的业务水平；④是否与部门履职和社会发展需要相匹配	评价要点①为否定性要点，无ษ标准分，但项目立项时未设定绩效目标或可考核其他工作任务目标，无须关注其他评价要点，本条指标不得分，符合评价要点②~④标准分各 1 分，较符合评价要点要求的得 [0.6~0.8) 分；不够符合评价要点要求的得 [0~0.6) 分		

166

续表

一级指标	分值	二级指标	分值	三级指标	分值	指标解释	评价要点	评价标准	得分	备注
决策	20	绩效目标	5	绩效指标明确性	2	重点考核依据绩效目标设定的绩效指标是否清晰、细化、可衡量等，用以反映和考核项目绩效目标的明细化情况	①是否将项目绩效目标细化分解为具体的绩效指标；②是否通过清晰、可衡量的指标值予以体现；③是否与项目目标任务数或计划数相对应	评价要点①标准分为1分，将项目绩效目标细化分解为具体指标的绩效细化分解为具体目标的绩效得1分；未将项目绩效目标细化分解为具体指标的得0分。评价要点②③标准分共1分，符合评价要点要求的得[0.8~1]分，较符合评价要点要求的得[0.6~0.8]分，不够符合评价要点要求的得[0~0.6]分		
				预算编制科学性	3	重点考核项目预算编制是否经过科学论证，是否有明确标准，资金额度与年度目标是否相适应，用以反映和考核项目预算编制的科学性、合理性的情况	①预算编制是否经过科学论证；②预算内容与项目内容是否匹配；③预算按照标准测算依据是否充分；④预算确定的项目投资额或资金量是否与工作任务相匹配	评价要点①~④共计3分，根据评价要点总体赋分，符合评价要点要求的得[2.4~3]分，较符合评价要点要求的得[1.8~2.4]分，不够符合评价要点要求的得[0~1.8]分		
		资金投入	5	资金分配合理性	2	重点考核项目资金分配是否有测算依据，是否按项目单位实际反映，用以反映和考核项目资金分配的科学性、合理性情况	①预算资金分配依据是否充分；②资金分配额度是否合理，资金管理办法分配，与项目单位实际是否相适应	评价要点①②标准分各1分：符合评价要点要求的得[0.8~1]分；较符合评价要点要求的得[0.6~0.8]分；不够符合评价要点要求的得[0~0.6]分		

续表

一级指标	分值	二级指标	分值	三级指标	分值	指标解释	评价要点	评价标准	得分	备注
过程	20	资金管理	10	资金到位率	2	重点考核实际到位资金与预算资金的比率,用以反映和考核资金落实情况对项目实施的总体保障程度。资金到位率＝实际到位资金/预算资金×100%。实际到位资金指一定时期（本年度或项目期）内落实到具体项目的资金。预算资金指一定时期（本年度或项目期）内预算安排到具体项目的资金	资金到位是否足额	得分＝资金到位率×2分,超过2分的按2分计		
				预算执行率	4	重点考核项目预算资金是否按照计划执行,用以反映和考核项目预算执行情况。预算执行率＝实际支出资金/实际到位资金×100%。实际支出资金指一定时期（本年度或项目期）内项目实际拨付的资金	截至实施周期期末资金实际支出比例情况	预算执行率≥60%,得分＝预算执行率×4分,超过4分的按4分计;预算执行率＜60%的不得分		

168

附 录

续表

一级指标	分值	二级指标	分值	三级指标	分值	指标解释	评价要点	评价标准	得分	备注
过程	20	资金管理	10	资金使用合规性	4	重点考核项目资金使用是否符合相关规定、财务管理制度和考核项目资金的规范运行情况	①是否符合国家财经法规和财务管理制度以及有关专项资金管理办法的规定；②资金的拨付是否具有完整的审批程序和手续；③是否符合项目预算批复或合同规定的用途；④是否存在截留、挪用、挤占、虚列支出等情况	评价要点①~④标准分共 4 分，每出现 1 个与评价要点要求不符合的问题扣 1 分，扣完为止		
		组织实施	10	管理制度健全性	5	重点考核项目实施单位的财务和业务管理制度是否健全，用以反映和考核财务和业务管理制度对项目顺利实施的保障情况	①是否已制定或具有相应的财务和业务管理制度；②财务和业务管理制度是否合法、合规、完整	评价要点①具有相应的财务和业务管理制度或具备其中一种得的 [1.2~1.6] 分；不具备得 [1.6~2] 分；具备财务管理制度的得 [0~1.2] 分。评价要点②标准分为 3 分，符合评价要点要求的得 [2.4~3] 分；较符合评价要点要求的得 [1.8~2.4] 分；不够符合评价要点要求的得 [0~1.8] 分		
				制度执行有效性	5	重点考核项目实施是否符合相关管理规定，用以反映和考核相关管理制度的有效执行情况	①是否遵守相关法律法规和相关规定；②项目调整及支出是否完备；③项目合同书、验收报告、技术鉴定等资料是否齐全及时归档；④项目实施的人员条件、场地设备、信息支撑等是否落实到位	评价要点①标准分为 2 分，符合评价要点要求的得 [1.6~2] 分；较符合评价要点要求的得 [1.2~1.6] 分；不够符合评价要点要求分 1 [0~1.2] 分。符合评价要点②~④标准的得 [0.8~1] 分；较符合评价要点要求的得 [0.6~0.8] 分；不够符合评价要点要求的得 [0~0.6] 分。以上评价标准对于发现的同一问题不重复扣分		

169

续表

一级指标	分值	二级指标	分值	三级指标	分值	指标解释	评价要点	评价标准	得分	备注
产出	30	产出数量	15	根据各预算单位实际情况设置		重点考核项目各项产出的实际完成率,即项目实施完成的实际产出数与计划产出数的比率,用以反映和考核项目产出数量目标的实现程度	项目实施周期内各项产出完成情况	实际完成率=实际产出数/计划产出数×100%。实际产出数指一定时期(本年度或项目期)内项目实际产出的产品或提供的服务数量。计划产出数指计划项目绩效目标内确定的在一定时期(本年度或项目期)内计划产出的产品或提供的服务数量		
		产出质量	8	根据各预算单位实际情况设置		用以反映和考核项目产出质量目标的实现程度	对照实际批复的绩效目标,对项目质量达标情况进行评价			
		产出时效	6	根据各预算单位实际情况设置		重点考核项目实际完成时间与计划时间的比较,用以反映和考核项目产出时效目标的实现程度。实际完成时间指项目实施单位完成该项目实际耗用的时间。计划完成时间按计划实施或该项目所需的时间	项目是否按计划进度完成各阶段工作任务	3项指标标准分均为2分。"设施设备检查汛前完成率"评价标准为:达到既定标准,偏差在5%以内的得[1.6~2]分;未达到既定标准,偏差在5%以上的得[1.2~1.6]分,偏差5%以上的得[0~1.2]分。"日常化预报"评价标准为:预报在规定时间内的得2分,未在规定时间内预报的得0分。"水情报讯"评价标准为:水雨情信息在规定时间内报送的得2分;未在规定时间内报送的得0分		

续表

一级指标	分值	二级指标	分值	三级指标	分值	指标解释	评价要点	评价标准	得分	备注
产出	30	产出成本	1	维护维修总成本控制	1	重点考核完成项目计划工作目标是否采取了有效的措施节约成本	项目成本节约情况	不高于设施设备造价或价格的15%的得[0.8~1]分；高于设施设备造价或价格的15%的得[0.6~0.8]分；不低于设施设备造价或价格的20%的得[0~0.6]分		
效益	30	项目效益	15	社会效益、经济效益、生态效益、可持续影响	15		评价项目实施效益的显著程度	指标标准分为5分。达到既定标准的得[4~5]分；未达到既定标准，偏差在5%以内的得[3~4]分；未达到既定标准，偏差在5%以上的得[0~3]分		
			15	社会公众或服务对象对项目实施的效果的满意程度	15		评价上级主管部门对项目实施的满意程度	满意度≥90%的得5分；90%>满意度≥60%，得分=满意度/90%×5分；满意度<60%的不得分		

附录二 单位绩效自评价报告格式

为进一步提升水利部财政资金使用效率和部门管理水平，加强和规范水利预算项目经费使用和管理，推进水利部全过程预算绩效管理，按照《中央部门预算绩效目标管理办法》（财预〔2015〕88号）规定及《关于做好××年度中央部门项目支出绩效自评工作的通知》等要求，××预算单位于××年×月至×月，组织开展了××年度部门预算项目支出绩效自评工作。现将自评情况报告如下：

一、自评工作开展情况

（一）组织情况

（二）开展情况

1. 形式和方法

自评形式

分值权重

评分标准

评价分析

2. 范围和数量

二、工作成果

（一）绩效自评总体情况

（二）分项目绩效自评情况

三、主要经验

四、存在的主要问题

五、下一步工作措施和建议

（一）下一步工作措施

（二）建议

附录三　部门复核评价取值权重标准

　　根据第五章第二节第二小节、第五章第五节第二小节等关于水利预算项目绩效部门复评的相关描述，本书给出了单位绩效复评取值的指标体系和相关取值权重（见附表 B）。

附表 B ×××单位×××项目绩效评价复核评分表

一级指标	分值	二级指标	分值	三级指标	分值	计划指标值	实际完成值	自评价得分	复核得分	扣分原因
决策	20	项目立项	10	立项依据充分性	5					
				立项程序规范性	5					
		绩效目标	5	绩效目标合理性	3					
				绩效指标明确性	2					
		资金投入	5	预算编制科学性	3					
				资金分配合理性	2					
过程	20	资金管理	10	资金到位率	2					
				预算执行率	4					
				资金使用合规性	4					
		组织实施	10	管理制度健全性	5					
				制度执行有效性	5					
产出	30	产出数量	18	根据实际情况制定	9					
				根据实际情况制定	9					
		产出质量	8	根据实际情况制定	4					
				根据实际情况制定	4					

附 录

续表

一级指标	分值	二级指标	分值	三级指标	分值	计划指标值	实际完成值	自评价得分	复核得分	扣分原因
产出	30	产出时效	3	根据实际情况制定	2					
				根据实际情况制定	1					
		产出成本	1	维护维修总成本控制	1					
效益	30	项目效益	30	经济效益	6					
				社会效益	6					
				生态效益	6					
				社会影响力	6					
				上级主管部门满意度	6					
得分合计										

175

附录四 部门评价报告格式

××××业务费（××××—××××年度）
财政支出绩效复核评价报告

一、基本情况

（一）项目概况

（二）项目绩效目标

1. 总体目标

2. 阶段性目标

二、绩效评价工作开展情况

（一）绩效评价目的、对象和范围

1. 绩效评价目的

2. 对象和范围

（二）绩效评价原则、评价指标体系（附表说明）、评价方法、评价标准

1. 绩效评价原则

2. 评价指标体系

3. 评价方法

4. 评价标准

（三）绩效评价工作过程

三、绩效评价情况及评价结论

（一）自评结论

（二）复核评价结论

四、绩效评价指标分析

（一）项目决策情况

1. 项目立项

2. 绩效目标

3. 资金投入

(二) 项目过程情况

1. 资金管理

2. 组织实施

(三) 项目产出情况

1. 产出数量

2. 产出质量

3. 产出时效

4. 产出成本

(四) 项目效益情况

五、主要经验及做法、存在的问题及原因分析

(一) 主要经验及做法

(二) 存在的问题及原因分析

六、有关建议

七、其他需说明的问题

附表C　现场复核评价专家组意见

专家组成员

姓名	专业	职务/职称	单位	签字

续表

附件：

专家组组长（签字）：　　　　　　　　　　　　　　年　月　日